『ウランの化学（I)』正誤表

箇所	誤	正
P31、6 行目	ハイ組成ポ	ハイポ組成
P50、下 4 行目	こ　れらの	これらの
P67、図 7.2 キャプション	(1000℃)	(1000, 1200℃)
P67、3 行目	と融解する。	で融解する。
P67、下 3 行目	のよう化	のような化
P68、表 7.1　UN、融点	4	2850
P68、表 7.1 α-U_2N_3、融点	16	削除
P77、表 8.2 最下段	UTe	UTe_5
P146、(12-28)式	MF_6	PuF_6
P155、表 13.2 、4 段目	Cao	CaO
P168、5 行目	Melted	Molten
P169、文献[19]	Maer.,	Mater.,
P171、下 3 行目	もののある。	ものもある。

ウランの化学（I）
－基礎と応用－

佐藤修彰・桐島　陽・渡邉雅之　著

東北大学出版会

The Chemistry of Uranium (I)
Basics and Application

Nobuaki Sato, Akira Kirishima, Masayuki Watanabe

Tohoku University Press, Sendai
ISBN978-4-86163-345-4

序　文

1938年にウランの核分裂が発見され，人類は従来の化学反応とは異なる核反応によるエネルギーを手に入れた。核エネルギーは，兵器としての利用から始まり，その後，原子力潜水艦や砕氷船等の動力源として利用された。さらに，蒸気タービン用熱源とする原子力発電を通じて基幹エネルギー源として重要な役割をはたしてきた。原子力開発と相まって，主要大学には原子力工学関係の学科や専攻が新設され，研究者や技術者の育成が図られてきた。

しかし，1986年のチェルノブイリ原発事故や2011年の東京電力福島第一原子力発電所事故などでは，広範囲に放射能の影響を及ぼし，オンサイトにあっては事故炉マネージメントや原子炉安全対策，オフサイトにあっては汚染評価や環境再生が必要になってきている。

一方，大学等研究機関における研究開発や人材育成については，原子力分野の縮小やエネルギー・環境関連分野への改組が進みつつある。また，大学等における核燃およびRI等研究施設等の減少により，教員および学生の基礎知識や研究・実験能力の低下がみられるようになり，今後の原子力分野の研究開発・人材育成において深刻な課題を抱えている。

このような状況に対して，大学等における対応を考えると，原子力化学分野の実験研究が重要であり，そのためにはウランの基礎化学やプロセス化学に関する学習が必須である。しかしながら，原子力の基礎となるウランの化学についての専門書は長年出版されておらず，その後の研究開発も反映されていない。一方で，ウランについては市販の試薬は限定され，また，出発物質としても金属，酸化物，硝酸ウラニル，酢酸ウラニル等である。著者らは長年，種々のウラン化合物を合成し，自らの実験に使用するとともに，測定等で必要とする関係研究機関へ送付してきた。さらに，溶液反応や高温反応，特殊ガスを用いた反応等に関する知見や実験ノウハウを蓄積してきた。これらを集大成しつつ，今回，ウランの化学に関する本の出版を企画した次第である。本書ではウランの化学に係る基礎的な内容を盛り込み，基礎編と応用編からなる。基礎編では無機化学と放射化学を，応用編では核燃料サイクルに係るプロセス化学や福島第一原発事故に関連する燃料デブリ，工業製品等についても触れた。学部生，院生を対象にウランの化学全般にわたる理解を助けるべくまとめてあり，各分野の詳細は専門誌，専門書を参照されたい。また，燃料デブリに関しては一部を紹介したに過ぎない。さらに，福島第一原発事故の場合，スリーマイル島原発やチェルノブイリ原発の事故とは状況が異なる。まだまだ，不明な点が多く，各種研究機関の報告や論文等から新しい情報を得ることを希望する。

本書執筆の過程で，実際にウランを用いた実験を行う場合に必要な基礎的事項や方法，ノウハウについての情報も不可欠であるとの認識に至った。そこで，それらを盛り込んで「ウランの化学（II）－方法と実践－」の出版を予定している。特に，実験施設，設備や法規制については，1972年に発刊された三島良積先生の「核燃料工学」には「核燃料取扱上の安全管理」として，臨界管理から，放射線管理，計量管理について扱っており，上記（II）に，関連する章を設け，ホットな実験を行う場合の対応について紹介する。この他，環境中のウランの影響や具体的な実験例も含めて，続編へ回した。

本書の内容は原子力分野に係る研究者，技術者，学生諸君はもとより，福島第一原発廃炉に係る次世代人材育成や基盤研究の展開に貢献できることを期待するとともに，本書の出版が被災地からの発信として東日本大震災復興につながれば幸いである。最後に，本著の出版にあたりご協力いただいた，東北大学原子炉廃止措置基盤研究センター　渡邉　豊先生，青木孝行先生，津田智佳氏，同大学多元物質科学研究所　秋山大輔博士，東北大学出版会　小林直之氏に謝意を表する。

令和２年３月

佐藤修彰，桐島　陽，渡邉雅之

目　次

第1部
基 礎 編

第１章　ウランの基礎

1.1　歴史

1879年ドイツの化学者マルティン ハインリッヒ クロップロート（Martin Heinrich Klaproth）は瀝青ウラン鉱（Pitchblend）を硝酸に溶解し，NaOHで中和後，黄色沈殿を得た。この沈殿はアルカリ過剰側において再溶解し，新元素として天王星（Uranus）からウラン（Uranium）と命名した。その後，黄色の酸化ウランを木炭製るつぼで加熱し，金属光沢をもつ粉末を得たが，これはUO_2であり，金属ではなかった。フランスのウジェーヌ メルキオール ペリゴー（Eugene Melchior Peligot）は無水塩化ウランを金属カリウム（K）とともに２重の白金るつぼ中で加熱し，反応後，過剰のカリウムや，塩化カリウム（KCl）を除去して，黒色金属ウラン粉末を初めて得た。この反応は2.1で述べるように，次式のような活性金属による還元反応である。

$$UCl_4 + 4K = U + 4KCl \quad (1\text{-}1)$$

1896年，ウランが放射線を放出することをアンリ ベクレル（Henri Becquerel）が発見し，その２年後にはピエール キュリー（Pierre Curie）およびマリー キュリー（Mary Curie）がチェコのウラン鉱石よりラジウム（^{226}Ra）およびポロニウム（^{214}Po）を発見し，ウランの放射壊変を見出した。ちなみに，^{226}Ra 1gの放射能量を１キューリー（Ci）と定義したが，非常に強い放射能量であった。現在では，１秒に１回の壊変を１ベクレル（Bq）と定義しており，1 Ciは3.7×10^{10} Bqに相当する。

人工的なウランの核分裂反応は，1938年，ドイツのオットーハーン（Otto Hahn）によりウラン鉱石に中性子をあて，核分裂生成物であるバリウムを確認することで発見された。一方，自然界におけるウランの核分裂反応の例として，オクロ現象がある。中央アフリカのガボン共和国のウラン鉱床にて，^{235}Uの同位体比が0.72%を下回るウラン試料が見つかった。

約20億年前では半減期7億年の ^{235}U は3%程度であり，同地域において地下水を減速材として同鉱床が天然の原子炉を構成し，ウランが自然発生的に核分裂の連鎖反応を起こした。原子炉は数十年稼働した後，^{235}U 濃度が低下して未臨界となったため自然に停止した。

また，ウランは還元雰囲気においては緑色を，酸化雰囲気においては黄色を呈するので，十九世紀初頭から陶磁器やガラスに使用されてきた。ウランガラスは装飾用の他，触媒やガラス管のような工業材料としての利用もある。このようにウランは発見以来，化学的性質，物理的性質，さらには核的性質を通じて，利用されてきたことがわかる。

1.2　核的性質と同位体

原子は原子核と電子から構成され，原子核は陽子（p）と中性子（n）からなる。元素の原子番号は陽子数であり，電気的中性を保つように陽子数と同数の電子が原子核外の軌道に存在する。原子核は陽子と中性子から構成され，陽子数と中性子数の合計が質量数となる。ここで，元素記号の左下および左上にそれぞれ原子番号および質量数を表記する。ウランの場合，$^{238}_{92}U$ あるいは $^{235}_{92}U$ のように表記し，同じ原子番号で，質量数すなわち中性子数が異なる場合を同位体（Isotope）と呼ぶ。同位体には，安定同位体（Stable isotope）と α 線や β 線など放出して壊変する放射性同位体（Radioisotope）がある。ウランの同位体を表1.1に示す。天然ウランは放射性同位体であり，主に99.3%の ^{238}U，0.72%の ^{235}U からなり，それぞれ崩壊系列，ウラン系列およびアクチニウム系列の親核種である。ウラン系列およびアクチニウム系列の崩壊図を図1.1および図1.2に示す。ウラン系列では，$^{210}Pb \rightarrow {}^{206}Hg$ や $^{210}Bi \rightarrow {}^{206}Tl$ が，また，アクチニウム系列では，$^{227}Ac \rightarrow {}^{223}Fr$ や $^{211}Bi \rightarrow {}^{211}Po$ の崩壊が副次的であり，本図では省略してある。まず，ウラン系列では，地球の歴史と同程度の半減期をもつ ^{238}U を親核種として ^{234}Th，^{234}Pa を経由して壊変する。α 壊変では(1-2)式のように，α 線（$^{4}_{2}He$）を放出するので，質量数および原子番号がそれぞれ4および2減って，$^{234}_{90}Th$ となる。$^{234}_{90}Th$ は β^- 線（電子：e^-）

表 1.1　ウランの同位体と性質

同位体	天然存在比 (%)	半減期 (y)	放射線 (MeV)	熱中性子吸収断面積 (barn*)
^{232}U	0	68.9	α, 5.414	74
^{233}U	0	1.592×10^5	α, 4.824	530
^{234}U	0.0054	2.455×10^5	α, 4.775	0.07
^{235}U	0.7204	7.038×10^8	α, 4.398	586
^{236}U	0	2.342×10^7	α, 4.479	–
^{237}U	0	6.75 (d)	β (γ), 0.237	0.35
^{238}U	99.2742	4.468×10^9	α, 4.198	3×10^{-6}
^{239}U	0	23.5 m	β (γ), 1.189	15

*1 barn = 10^{-24} cm^2

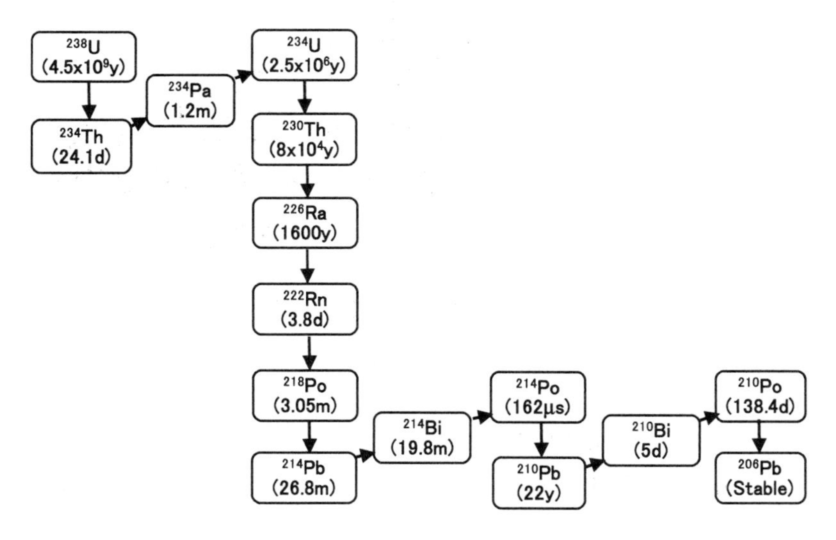

図 1.1　ウラン系列壊変図

を放出して壊変する（(1-3) 式)。β^-崩壊では，中性子から陽子と電子が生成するので，陽子数が 1 つ増えるものの，質量数は変わらない。ウラン系列では 8 回の α 崩壊と 6 回の β 崩壊を繰り返して，最終的に安定同位体である ^{206}Pb となる。

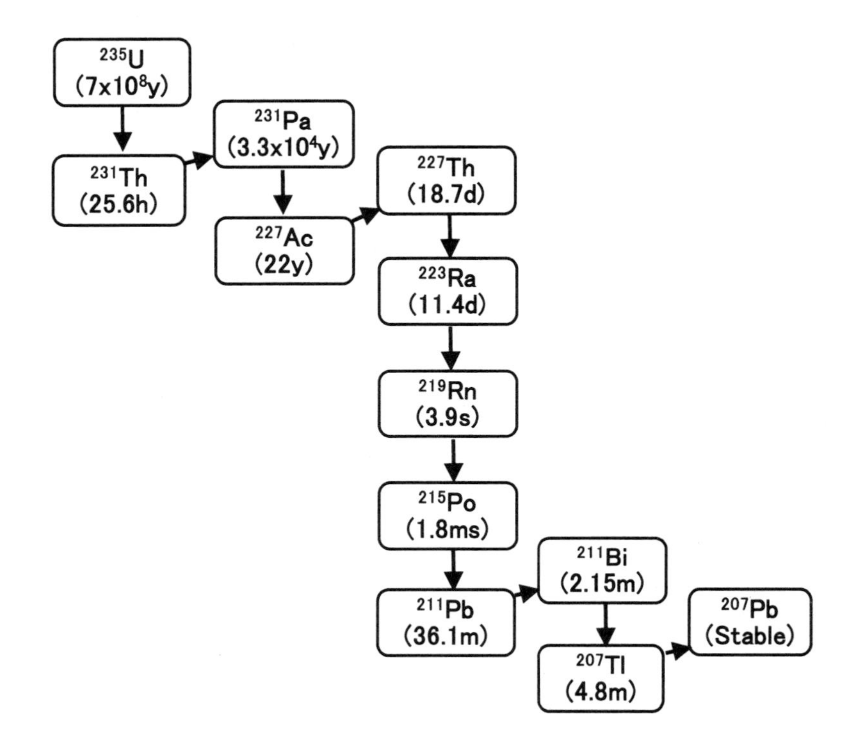

図 1.2　アクチニウム系列壊変図

$$^{238}_{92}\mathrm{U} \rightarrow {}^{234}_{90}\mathrm{Th} + {}^{4}_{2}\mathrm{He} \qquad (1\text{-}2)$$

$$^{234}_{90}\mathrm{Th} \rightarrow {}^{234}_{91}\mathrm{Pa} + \mathrm{e}^{-} \qquad (1\text{-}3)$$

一方，ウラン鉱石中では，親核種と娘核種間で放射平衡が成立しており，その放射能の大部分は，^{222}Rn およびそれ以降の短寿命核種である。^{222}Rn の先行核種は半減期 1600y の ^{226}Ra である。製錬によりこの ^{226}Ra を分離除去すると，精製ウラン中には，^{222}Rn が生成せず，大部分の α および γ 放射能を低減させることになる。このことは第 14 章で扱うように，ウラン等を含む原材料，製品等の安全確保に関するガイドラインでは，ウラン鉱石等の放射能濃度規制値が 1 Bq/g であるのに対して，精製ウランの場合は 10 Bq/g と緩くしている。

次に，アクチニウム系列では，^{235}Uを親核種とし，^{231}Th，^{231}Paを経由して 7 回の α 崩壊と 4 回の β 崩壊を繰り返して，最終的に安定同位体である ^{207}Pb となる。ただ，^{235}U の場合は，以下に述べるように，低速の中性子 (熱中性子) を吸収して，核分裂の連鎖反応を起こし，熱エネルギーを発生する。

表 1.1 中の他のウラン核種は半減期が短いため，現在までに消滅しているが，核反応にて生成する。例えば，天然ウランを γ 線照射による核反応 ((γ, n) 反応) により，^{237}U を生成させることができる。

$$^{238}U + \gamma \rightarrow {}^{237}U + n \tag{1-4}$$

この ^{237}Uを用いて溶媒抽出等の分離実験を行うと，γ 線計測により，分配比等が求まる。これは，^{238}U や ^{235}U の α 線計測に比べると測定が容易であり，また，半減期が 6.75 d なので，2 ヶ月程度で十分に減衰するなど利点がある。

これに対し ^{233}U は ^{232}Th の (n, γ) 反応による ^{233}Th の β^- 崩壊により ^{233}Pa を経由して生成する。

$$^{232}Th + n \rightarrow {}^{233}Th + e^- \tag{1-5}$$
$$^{233}Th \rightarrow {}^{233}Pa + e^- \tag{1-6}$$
$$^{233}Pa \rightarrow {}^{233}U + e^- \tag{1-7}$$

ここで ^{232}Th は天然の存在比が 100% であり，核分裂性ではないが，Th は核燃料物質として規定されている。この際，^{232}Th は高速中性子との (2n，2n' + 2e$^-$) 反応により ^{232}U を生成し，娘核種の γ 線により ^{233}U を含む燃料の放射能が高まるので，低濃縮ウラン燃料より取扱が難しくなる。次に，^{236}U は ^{235}U の (n，γ) 反応により，また，^{237}U は ^{238}U の (γ，n)

表 1.2　放射平衡にある ^{238}U1t あたりの元素量

	放射平衡にある ^{238}U1t あたりの量 (g)	
元　素	ウラン系列	アクチニウム系列
$_{92}$U	^{238}U : 9.93×10^{5} ^{234}U : 50.1	^{235}U : 7.06×10^{3}
$_{91}$Pa	^{234}Pa : 4.76×10^{-10}	^{231}Pa : 3.14×10^{-1}
$_{90}$Th	^{234}Th : 1.43×10^{-5} ^{230}Th : 17.6	^{231}Th : 2.75×10^{-8} ^{227}Th : 4.85×10^{-5}
$_{89}$Ac	−	^{227}Ac : 2.09×10^{-4}
$_{88}$Ra	^{226}Ra : 3.32×10^{-1}	^{223}Ra : 2.93×10^{-7}
$_{87}$Rn	^{222}Rn : 2.147×10^{-6}	^{219}Rn : 1.16×10^{-12}
$_{84}$Po	^{218}Po : 1.17×10^{-9} ^{214}Po : 9.1×10^{-16} ^{210}Po : 7.37×10^{-5}	^{215}Po : 5.30×10^{-16}
$_{83}$Bi	^{214}Bi : 7.4×10^{-9} ^{210}Bi : 2.63×10^{-6}	^{211}Bi : 3.68×10^{-11}
$_{82}$Pb	^{214}Pb : 1.01×10^{-8} ^{210}Pb : 4.31×10^{-3}	^{211}Pb : 6.15×10^{-10}
$_{81}$Tl	−	^{207}Tl : 7.93×10^{-11}

反応により生成する。^{238}U は核分裂性ではないが，^{238}U の（n, γ）反応により ^{239}U を生成し，β^-崩壊により ^{239}Np を経由して核分裂性の核燃料物質 ^{239}Pu を生成する。

ウランおよびアクチニウム系列の核種は鉱石中では放射平衡にある。核種の放射能，崩壊定数，原子数を A，λ，N とすると以下のような関係となる。なお，半減期 $T_{1/2}$ に対して，$\lambda = 0.693/T_{1/2}$ である。

$$A_{238U} = A_{234Th} = \text{------} = A_{210Po} \quad (1\text{-}8)$$

$$A_{238U} = \lambda_{238U} \times N_{238U} \quad (1\text{-}9)$$

放射平衡にある各元素量を表 1.2 に示す。天然ウランに共存する ^{235}U は存在比に対応している。この他，^{234}U，^{90}Th，^{231}Pa がそれぞれ 50，18，0.3g と顕著な量がある。

質量数が偶数の核種は中性子吸収による（n, γ）反応を示すものが多く，一方で，奇数核種は核分裂性を示すものが多い。上記の ^{235}U や ^{233}U について表 1.1 の熱中性子吸収断面積をみると，それぞれ，586，530 barn と大きく，核分裂反応が起きやすいことがわかる。核分裂反応は次のようになる。^{235}U の原子核が中性子を吸収して質量数が 90 付近の原子核 A（例えば ^{90}Sr など）と同 135 付近の原子核 B（例えば ^{137}Cs など）に非対象分裂する。この際，2 から 3 個の中性子（νn）と熱（Q）を放出する。核分裂については 12.6 節「燃焼」に述べる。

$$^{235}\mathrm{U}+\mathrm{n} \rightarrow \mathrm{A}+\mathrm{B}+\nu\mathrm{n}+\mathrm{Q} \tag{1-10}$$

1.3　法令と定義

ウランについて核燃料物質としての法規制は昭和 30 年に制定された「原子力基本法」や「原子炉等規制法」，「同施行令」による。基本法第 3 条第 1 項には「「原子力」とは原子核変換の過程において原子核放出されるすべての種類のエネルギーをいう。」とある。また，同第 2 項では「「核燃料物質」とは，ウラン，トリウム等原子核分裂の過程において高エネルギーを放出するものであって，政令で定めるものをいう。」と定義されている。このことは，原子力とは核分裂反応を対象としており，核融合反応は対象としていない。さらに「核燃料物質等の定義に関する政令」（昭和 30 年制定）第 1 条では表 1.3 のように定義されている。第 1 項および第 2 項，第 5 項はそれぞれ，天然ウラン，劣化ウラン，濃縮ウランに該当する。また，第 7 項で ^{233}U およびその化合物を，第 8 項では，濃縮ウランおよびプルトニウムを含む混合燃料について定義されている。

濃縮ウランは 20%以上の高濃縮ウランとそれ以下の低濃縮ウランに分かれ，軽水炉および高速炉ではそれぞれ 3 ～ 5 %および 18%濃縮ウランが使用される。

さらに，核燃料物質に対して，同条第 3 項では核原料物質を「ウラン鉱，トリウム鉱等その他核燃料物質の原料となる物質であって，政令で定

表 1.3　政令で定義する核燃料物質

項　目	定　　義	^{235}U 濃度 (%)	分　類
第1項	^{235}U の ^{238}U に対する比率が天然の混合率であるウランおよびその化合物	0.72	天然 U
第2項	^{235}U の ^{238}U に対する比率が天然の混合率に達しないウランおよびその化合物	< 0.72	劣化ウラン
第3項	Th 及びその化合物	−	Th
第4項	天然ウラン，劣化ウランおよび Th を含む物質で原子炉において燃料として使用できるもの	≦ 0.72	混合物質
第5項	^{235}U の ^{238}U に対する比率が天然の混合率をこえるウランおよびその化合物	0.72 <	濃縮ウラン
第6項	プルトニウム及びその化合物	−	Pu
第7項	^{233}U およびその化合物	−	^{233}U
第8項	濃縮ウラン，プルトニウムおよび ^{233}U を1または2以上含む物質	0.72 <	混合物質

めるものをいう。」と定義している。具体的には，鉱石や工業材料，中間製品，一般消費材がある。

1.4　資源

ウラン資源には，一次鉱物としてペグマタイト中の閃ウラン鉱（ウラニナイト）や瀝青ウラン鉱（ピッチブレンド）があり，鉱石としての品位は0.1～0.2%程度である。これらはウラン酸化物であり，灰色や黒褐色を呈する。これに対し，二次鉱物は一次鉱物が風化や酸化作用により溶解し，その後塩として堆積したものであり，黄色や緑色などを呈する。主な鉱物を表 1.4 に示す。

これら鉱物はアルミナ，シリカ等脈石鉱物と共存して鉱石を形成する。特定鉱物が濃集して品位が高まると経済的に採掘可能な資源となる。天然ウラン資源を品位（濃度）により分類すると，表 1.5 のようになる。ウラン資源の場合，低品位でも，稼行対象となる。

この他，ウランを含む天然資源としては，トリウムを数～10%程度随伴

表1.4　主なウラン鉱物

一次鉱物	瀝青ウラン鉱 Pitchblend	酸化物	UO_2, UO_3
	閃ウラン鉱 Uraninite	酸化物	UO_2, UO_3
二次鉱物	ウラノフェン Uranophane	ケイ酸塩	$Ca(UO_2)_2(SiO_3OH)_2(H_2O)_5$
	燐灰ウラン鉱 Autunite	リン酸塩	$Ca[(UO_2)(PO_4)]_2 \cdot 11H_2O$
	カルノー石 Carnotite	バナジン酸塩	$K_2(UO_2)_2(VO_4)_2 \cdot 1\text{–}3H_2O$

表1.5　ウラン鉱石中のウラン品位とプルトニウム濃度 [4]

鉱石名	瀝青ウラン鉱			カルノー石
化学式	U_3O_8			$K_2(UO_2)_2(VO_4)_2 \cdot 3H_2O$
産出地	カナダ	ベルギー領コンゴ	米国コロラド州	米国コロラド州
U含有量 (wt%)	13.5	38	50	10
^{239}Pu/U比	7.1	12	7.7	< 0.4
Pu含有量 (fg/gU)*	9.1	4.8	3.8	< 0.04

*fg = 10^{-9} g

する希土類鉱石（モナザイト，ゼノタイム）がある。モナザイト（$((Ca, Th, RE)PO_4)$）中のカルシウムの位置にイオン半径の近い希土類元素やトリウム，ウランが置換したものである。モナザイトおよびゼノタイムにはウランが少量（0.3%程度）含まれる。比重が5程度と重く，風化による選鉱処理を受けてイルメナイト（$FeTiO_3$），ルチル，（TiO_2），ジルコン（$ZrSiO_4$）等重鉱物とともに堆積し，インド，マレーシア，オーストラリアなどの海岸に重砂を構成し，希土類製錬の副産物として産出する。

また，ウラン鉱石中には地殻中ウラン濃集部において^{238}Uの中性子捕獲反応と^{239}Npを介するβ崩壊により^{239}Puを生成する。表1.5にはウラン鉱石中のプルトニウム濃度を示す。カナダやコンゴ，米国コロラド州産のPichblend（U_3O_8）では，U含有量が10～数10％と高く，Puは極微量（U1gあたり1～20fg）存在する。

世界のウラン埋蔵量では，オーストラリア（30％），カザフサタン（14％），カナダ（8％），ロシア（8％）およびナムビア（7％）が主要国であり，この上位5カ国で67％を占めている。この他，南アフリカ，中国，ブラジルなどに分散している。

二次資源としては，劣化ウランの再濃縮，使用済燃料の再処理によるウラン回収，軍事用兵器級ウラン（97％ ^{235}U）の劣化ウラン混合による低濃縮化などがある。

日本では福島第一原子力発電所事故以降，原子力発電のエネルギー供給は低減しているが，複合エネルギー供給や，炭酸ガス抑制効果と相まって世界的には原子力発電所は増加傾向にある。その結果，ウランの需要が高まり，ウラン資源開発と安定供給が課題である。

［参考文献］

［1］藤井　勲：オクロ天然原子炉とその現状，日本原子力学会誌，27，(1985) 304.
［2］World Nuclear Association, Information library, (2018).
［3］2019年原子力規制関係法令集，大成出版社，(2019)
［4］L. R. Morss, N. M. Edelstein, J. Fuger eds, "The Chemistry of the Actinide and Transactinide Elements", 3rd edition, Vol.1, Springer, (2006) 200.
［5］「核燃料物質・核原料物質の使用に関する規制」，原子力規制庁，(2013)
［6］「ウラン又はトリウムを含む原材料，製品等の安全確保に関するガイドライン」，文部科学省，(2009)

第2章　金属 [1-8]

2.1　製造法

金属ウランは酸化されやすく，酸化物が安定であるため，水素還元や水溶液電解では金属製造は難しく，活性金属や電解等により金属を製造する。金属ウランの製造法は図 2.1 のように分類できる。まず，酸化物あるいはフッ化物をマグネシウム等活性金属で還元する方法がある。次に，フッ化物や塩化物を用いた溶融塩中での電解採取あるいは電解精製により金属を得る。さらに，粗金属からヨウ化物を得て熱分解により高純度ウランを得る精製法もある。

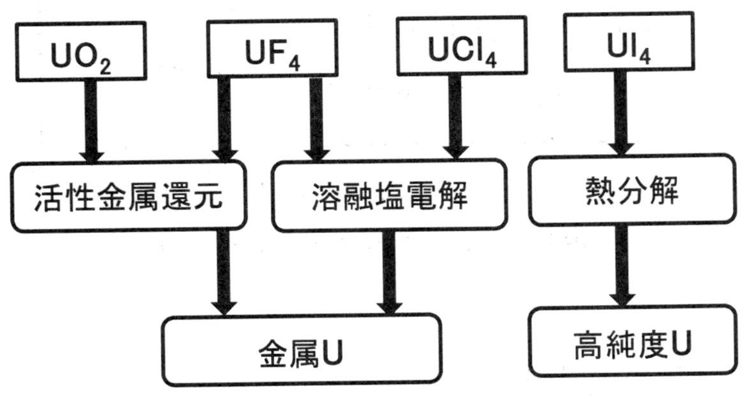

図 2.1　金属 U の製造方法

(a) 活性金属還元法

金属ウランは酸化されやすく，酸化物が安定であるため，水素還元や水溶液電解では金属製造は難しく，マグネシウムやカルシウムを用いた活性金属還元法で製造する。この際，出発原料として UO_2 を用いたり，酸素混入を抑制するためにハロゲン化物を用いる。以下に活性金属還元による金属ウランの生成反応例を示す。

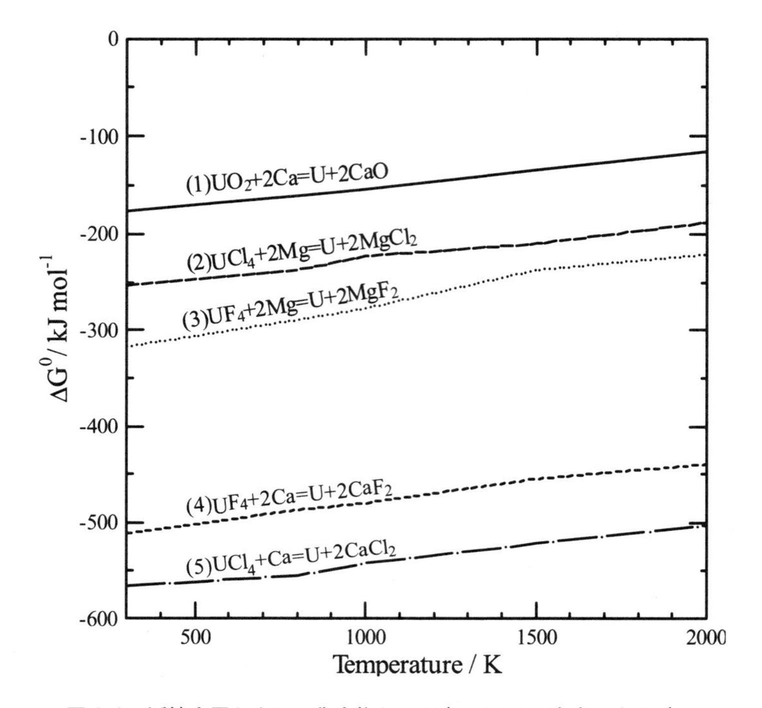

図 2.2　活性金属とウラン化合物との反応の Gibbs 自由エネルギー

$$UO_2 + 2Ca = U + 2CaO \tag{2-1}$$

$$UCl_4 + 2Mg = U + 2MgCl_2 \tag{2-2}$$

$$UF_4 + 2Mg = U + 2MgF_2 \tag{2-3}$$

$$UF_4 + 2Ca = U + 2CaCl_2 \tag{2-4}$$

$$UCl_4 + 2Ca = U + 2CaCl_2 \tag{2-5}$$

図 2.2 には（2-1）から（2-5）までの反応の Gibbs 自由エネルギーを示す。何れの反応も ΔG^0 が負であり，進行する。酸化物の場合よりハロゲン化物の方が ΔG^0 が負に大きく，還元しやすい。塩化物は吸湿性があるため，取扱においてフッ化物が良く，また，還元剤としてはカルシウムより

マグネシウムが扱いやすい。したがって UF_4 の Mg 還元が主となる。この場合，外側がステンレス鋼製ボンベ型反応容器に MgF_2 の内張を施し，原料となる UF_4 粉末と Mg 粉末の混合物を充填する。密閉後，加熱炉にて 600 − 800℃に加熱すると，発熱反応により自発的に反応が進行し，1500 ～ 1700℃に達する。生成する金属ウランおよび MgF_2 の融点はそれぞれ，1132 および 1270℃であり，反応後は，容内下方に金属ウランが上方に MgF_2 が二相分離するので，冷却後，機械的に金属およびフッ化物層を分離して，金属ウランを得る。劣化 UF_6 から UF_4 を経由して，劣化金属Uを製造する。活性金属還元の反応容器としは，チタンやジルコニウムについて Mg 還元や Na 還元等の方法があり，そちらを参考にされたい [7]。

(b) 金属粉末製造法

UO_2 を Ca 還元する場合，金属ウランの融点（1132℃）以上に加熱し，生成した金属ウランが溶融状態で，CaO 中に分散，固化して，粉末を得る。還元剤に Mg を用いる場合，1270℃以下で反応させて，Ca 還元の場合より，微細な粉末を得る。また，20% NaCl − 80% $CaCl_2$ 溶融塩中に KUF_5 や UF_4 を溶解して，900℃で電解により金属粉末を得る。さらに，低温での粉末製造法として，水素化物の熱分解がある。これは，金属 U 塊を水素ガス雰囲気にて 220℃で反応させて金属塊が水素化時に脆くなり，UH_3 粉末を製造する。その後，真空中 310℃において水素化物を熱分解させて，金属ウラン粉末を得る。この場合の粉末は極めて活性で，発火する恐れがあるので，不活性ガス雰囲気で扱う必要がある。

$$2UH_3 \rightarrow 2U + 3H_2 \qquad (2\text{-}6)$$

(c) 電解法

溶融塩中において，電気的に還元し，金属ウランあるいは合金を得る方法もある。初期には NaCl − KCl の共晶塩に KUF_6 を 10% 程度添加し，黒鉛陽極，Mo 陰極を用いた電解セルで，900℃において金属ウランを得ている。その後，米国アルゴンヌ研究所にて LiCl − KCl 浴に UCl_3 を添加して，400 〜 500℃にて，陽極に粗金属ウラン，陰極に高純度ウランを用いて電解し，金属ウランを精製した。陽極溶解および陰極析出反応は（2-7）および（2-8）になる。このような低温塩化物浴による電解プロセスは，乾式再処理の副概念として，研究開発されており，12.7 節の塩化物電解法による再処理プロセスも参照されたい。

陽極：$U \rightarrow U^{3+} + 3e$　　(2-7)

陰極：$U^{3+} + 3e \rightarrow U$　　(2-8)

上述のように，金属ウランは酸化されやすく，ウランの析出電位が水素発生電位より卑であるため，水溶液電解は難しい。また，後述する高純度金属製造法としての，ヨウ化物の昇華と熱分解を利用したヴァンアーケル（van Arckel）法は，ウラン以降の元素ではそのヨウ化物の低い蒸気圧と高い熱的安定性のため適用が難しい。そこで，水銀電極の水素発生過電圧による実効的な電位窓の下限を利用し，水素を発生させながら陰極にてウランを析出，水銀との合金（アマルガム）を生成後，アマルガムの熱分解により高純度ウランを製造した例がある [9]。この方法では，陰極に水銀を使用し，ウランのアンダーポテンシャル析出（UPD（Under Potential Deposition））を行うと，ほとんどの電流は水素発生に消費されるが，僅かに電解で生成した金属ウランが水銀とアマルガムを生成する（(2-9)）。このアマルガムをマグネシアるつぼ中で 250℃にて水銀を揮発分離後（(2-10)），1250℃に加熱処理して金属ウランを回収している。回収金属ウランの不純物組成を表 2.1 に示す。得られた金属ウランには Na や Fe，Al，Hg が 10ppm 以上含まれるものの，不純物金属元素量は 100ppm 以下であり，粗金属ウランの純度 99.95%より高純度な 99.99% 金属ウランを得ている。この方法は，水溶液電解と水銀を抽出溶媒に用いる混汞法を組み合わせたものといえる。

表 2.1　アマルガム法による金属ウランの不純物組成（ppm）[9]

Al	Ca	Cd	Co	Cr	Cu	Fe	Hg	La
10	4	< 1	< 1	< 1	< 1	39	11	< 1
Mg	Mn	Na	Ni	Pb	Pt	Si	Ti	Zn
1	< 1	27	6	1	3	8	2	1

$$U^{3+} + 3e \rightarrow U(Hg) \tag{2-9}$$

$$U(Hg) \rightarrow U + Hg(g) \tag{2-10}$$

(d) ヨウ化物分解法（ヴァンアーケル（van Arckel）法）

高純度ウランを得る方法としてヨウ化物の熱分解法がある。ヨウ化物については5.3節（2）ヨウ化物を参照されたい。まず，フィラメントのあるガラス管に粗金属ウランとヨウ素とを入れ，真空封入する。次にフィラメントに通電しながら，ガラス管を数百℃に加熱すると，粗U金属とヨウ素が反応し，UI_4を生成する（(2-11)）。このUI_4が気化して，フィラメント部で熱分解，つまり，(2-11）の逆反応が起こり，高純度U金属を得る。分解したヨウ素が再び，粗U金属のヨウ化に使用されるため，少量のヨウ素があれば，反応は進行する。

$$U + 2I_2 \rightleftarrows UI_4 \tag{2-11}$$

2.2　物理的性質

金属Uにはα，βおよびγの三相があり，それぞれの性質を表2.2に示す。$\alpha \rightarrow \beta$および$\beta \rightarrow \gamma$への変態はそれぞれ，668℃，774℃で起こる。変態とともに密度が低下し，体積が増加する。このことは，熱サイクルさせると，燃料が大きく変形することを示している。同様に放射線による放射成長も発生するので，金属Uそのままでは核燃料としての利用が難しく，アルミニウムやジルコニウム等の添加による合金燃料として研究炉等に利用されている。

表 2.2　金属ウラン各相の結晶構造と変態点，融点

相	結晶系	格子定数（Å）			密度 (g/cm^3)	備　　考
		a	b	c		
α	正斜方晶	2.8541	5.8692	4.9563	19.04	$\alpha \to \beta$ 変態点（668℃）
β	正方晶	10.795		5.656	18.11	$\beta \to \gamma$ 変態点（774℃）
γ	体心立方晶	3.525			18.06	融点（1132℃）

2.3　化学的性質

金属ウランは非常に反応性の強い金属であり，製造時には金属光沢をもつ銀灰色を呈していても，空気中，室温においても表面が黄金色を経て，黒褐色になる。さらに，ウラン微粉末は室温でも発火性である。金属Uが水と反応すると，表面の酸化物被膜のため，緩やかに反応し，UO_2 と水素を生成する。

$$U + 2H_2O \to UO_2 + 2H_2 \tag{2-12}$$

高温（150 － 250℃）の水蒸気と反応すると，水素物も生成する。

$$7U + 6H_2O(g) \to 3UO_2 + 4UH_3 \tag{2-13}$$

金属ウランは硝酸のような酸化性の溶液にはよく溶解するが，硫酸，リン酸，フッ化水素酸などとは徐々に反応する。また，アルカリとは反応しない。酸およびアルカリ溶液において H_2O_2 のような酸化剤が存在するとよく反応する。

2.4　照射挙動

原子炉内で金属ウランが中性子場に曝されると，照射効果が発生する。熱伝導，電気伝導は減少し，脆くなり，また，腐食抵抗も減少する。中性子照射した場合の変形に係る挙動は次の3つである。

表 2.3　金属と他金属との反応挙動

分類	性質	元素
I	金属間化合物生成	Al, As, Au, B, Be, Cd, Co, Cu,Fe, Ga, Ge, Hg, Ir, Mn, Ni, Os, Pb, Pd, Pt, Rh, Ru, Sb, Sn
II	固溶体生成	Mo, Nb, Pu, Ti, Zr
III	上記以外	Ag, Cr, Mg, Ta, Th, V, W, Ln, Li, Na, K, Ca, Sr, Ba

1）照射成長：外力を加えないで生じる形状変化で，体積変化を伴わない。α－U単結晶を照射すると，[010] 方向に著しく伸び，同じ割合で [100] 方向に縮むが，[001] 方向には変化がなく，体積変化を生じない。

2）照射クリープ：外力がかかった場合の形状変化で体積変化を伴わない。照射成長により塑性変形したα－U多結晶体では内部応力が発生し，熱クリープが発生しない温度においてもクリープが加速される。

3）スエリング：密度減少すなわち体積膨張をともなう等方的な変形を示す。1つのウラン核分裂によりFP 2個が生成する。体積では1％の核分裂により2.3%の固体と0.7%の気体が発生し，原子容でみると，2％の体積増加に相当する。

2.5　他金属との反応

金属ウランのと他金属との反応については，（I）金属間化合物を生成する場合，（II）固溶体を生成する場合，（III）いずれにも該当しない場合に分類される。それらを表2.3に示す。（I）については遷移金属が該当する。（II）の場合には，Mo他限定される。（III）は上記以外の場合で，遷移金属元素の他にアルカリおよびアルカリ土類，希土類元素が含まれる。

[参考文献]

[1] 無機化学講座第17巻「放射性元素」，17-1ウラン，奥野久輝，木越邦彦，中西正城丸著，丸善，(1953)
[2] 原子力工学講座5館「ウランおよび原子炉材料ならびに放射化学」，木村健二郎編著，共立出版，(1956)

[2] 原子炉工学講座第4巻「燃・材料」，第IX編　原子炉燃料，武谷清昭，栗原正義，菊池武雄，古川和男，青地哲男，下川純一著，培風館，(1972)
[3] 原子力工学シリーズ第2巻「原子炉燃料」，菅野昌義著，東京大学出版会，(1976)
[4] 原子力工学シリーズ第3巻「原子炉化学」(上)，内藤奎爾著，東京大学出版会，(1978)
[5] 講座・現代の金属学　材料編8「原子力材料」，第4章　核燃料，古屋広高著，日本金属学会，(1989)
[6] "The Chemistry of Uranium Including Its Applications in Nuclear Technology", E. H. P. Cordfunke, Elsevier Publishing Company, (1969)
[7] "Handbook of Extractive Metallurgy", Vol. III, Part 9, Radioactive Metals, Chap. 41 Uranium, Fathi Habashi, Wiley-VCH, (1997)
[8] "The Chemistry of the Actinide Elements", Vol.1, Chap. 5, Uranium, Fritz Weigel, (Eds., J.J. Katz, G.T. Seaborg, L. R. Morss), Chapman and Hall, (1986)
[9] "Preparation of high purity uranium metal from aqueous solutions", Y. Shiokawa, K.Hasegawa, K. Konashi, M, Takahasih, K. Suzuki, J. Alloys Compds., 255, 98-101, (1997)

第3章　水素化物 [1-5]

3.1　合成法

金属ウランと水素との反応により三水素化物 UH_3 を生成する。重水素(D)や三重水素（T）とも同様に反応する。通常，空気中で保管している金属ウランの表面は酸化されて黒色を呈している。このため，まず，金属ウランを硝酸に溶解し，表面酸化物を剥離する。表面が金属光沢になってきたら，速やかに脱気したアルコール，アセトンにて洗浄し，真空乾燥後，真空あるいは不活性雰囲気にて保管しておく。以後，不活性雰囲気での取り扱いを要する。金属ウランをガラス反応管等気密性の反応管内にセットし，真空，不活性ガス置換後水素を通じて反応させる。200℃付近において反応が進行し，黒色の UH_3 粉末を生成する。この反応は可逆反応で，400℃以上では UH_3 の分解が顕著となり，極めて活性な金属ウラン粉末となる。金属ウランとの反応は急激な発熱反応であり，水素ガスを不活性ガスに混合させて水素分圧を低下させることにより，反応をマイルドに進めることができる。

$$U + 3/2X_2 = UX_3 \ (X = H, D, T) \qquad (3\text{-}1)$$

3.2　物理的性質

ウラン水素化物には α 型および β 型がある。表3.1には UH_3 および UD_3，UT_3 についてそれぞれ α および β 型水素化物の性質を示す。通常の合成法では，$\beta-UH_3$ が得られる。低温で合成すると $\alpha-UH_3$ が得られ，100℃以上で $\beta-UH_3$ へ変化する。いずれも同じ結晶構造をとるものの，単位格子あたりのモル数が $\alpha-UH_3$ では2を，$\beta-UH_3$ では8となる。格子定数は α 型の方が β 型より小さいが，密度はいずれも11程度である。UH_3 と UD_3，UT_3 を比べてみると，格子定数がわずかに小さくなり，密度は増加する。

表3.1　ウラン水素化物の構造

化合物	結晶構造	空間群	格子定数 (Å)	単位格子中の分子数	密度 (g/cm^3)
$\alpha-UH_3$	立方晶	Pm3n	4.160	2	11.12
$\alpha-UD_3$	立方晶	Pm3n	4.150	2	11.33
$\alpha-UT_3$	立方晶	Pm3n	4.142	2	11.55
$\beta-UH_3$	立方晶	Pm3n	6.645	8	10.92
$\beta-UD_3$	立方晶	Pm3n	6.633	8	11.11
$\beta-UT_3$	立方晶	Pm3n	6.625	8	11.29

また，ウラン－水素の状態図から，水素の固溶限度は665℃までは温度上昇とともに増加し，H/U = 1.1の最大値を示す。これ以上の温度では固溶限度は減少する。また，水素が多い領域では，UH_3の化学量論組成（H/U = 3.0）からのずれはほとんどないが，高温では水素欠損（UH_{3-x}）となり，650℃ではH/U = 2.85である。820℃，83気圧ではH/U = 0.7となる。

3.3　化学的性質

2.1節で述べたように，水素化物は低温でのU金属粉末製造法として用いられる。また，ウラン水素化物は種々の反応ガスと比較的低温で反応する。そこで，1）水素化による粉体化，2）水素化物との反応のような水素化物を経由する2段階の反応で目的試料を合成でき，水素化物はU化合物合成の出発物質でもある。以下に水素化物からの種々のU化合物合成反応を示す。

$$2UH_3+4H_2O=2UO_2+7H_2 \tag{3-2}$$

$$UH_3+3HCl=UCl_3+3H_2 \tag{3-3}$$

$$2UH_3+4Cl_2=2UCl_4+3H_2 \tag{3-4}$$

$$2UH_3+N_2=2UN+3H_2 \tag{3-5}$$

表 3.2　UH_3 と反応性ガスとの反応

反応ガス	生成物	反応温度 (℃)
O_2	U_3O_8	25
H_2O	UO_2	350
H_2S	US_2	400 − 500
N_2	UN_x	250
NH_3	UN_x	250
PH_3	UP	400
Cl_2	UCl_4	250
CCl_4	UCl_4	250
HCl	UCl_3	250 − 300
HF	UF_4	20 − 400
Br_2	UBr_4	300 − 350
HBr	UBr_3	300
CO_2	UO_2	300

一方，UH_3 と反応性ガスとの反応からみてみると，表 3.2 のようにまとめられる。酸化性ガスとの反応では，O_2 の場合には U_3O_8 のような高級酸化物が生成する。一方，Cl_2 や Br_2 の場合，水素物として共存するため，(3-4) 式のように，Ⅳ価のハロゲン化物を生成する。金属ウランの場合にはⅥ価まで酸化されて，急激な発熱反応となるのに対し，水素化物では反応の緩やかであり，異なる。還元性ガスとの反応について，HF との反応では UF_4 を生成するが，HCl や HBr では UCl_3 および UBr_3 となる。

[参考文献]

[1] 無機化学講座第 17 巻「放射性元素」，17-1 ウラン，奥野久輝，木越邦彦，中西正城丸著，丸善，(1953)

[2] 原子力工学シリーズ第 2 巻「原子炉燃料」，菅野昌義著，東京大学出版会，(1976)

[3] "The Chemistry of Uranium Including Its Applications in Nuclear Technology", E. H. P. Cordfunke, Elsevier Publishing Company, (1969)

[4] "Handbook of Extractive Metallurgy", Vol.Ⅲ , Part 9, Radioactive Metals, Chap. 41 Uranium, Fathi Habashi, Wiley-VCH, (1997)

[5] "The Chemistry of the Actinide Elements", Vol.1, Chap. 5, Uranium, Fritz Weigel, (Eds., J.J. Katz, G.T. Seaborg, L. R. Morss), Chapman and Hall, (1986)

第4章　酸化物

周期律表第16族の酸素と活性金属であるウランが反応して種々の酸化物を生成する。また，UO_2のような定比組成を持つ酸化物に対し，UO_{2+x}のような不定比性酸化物も存在し，その安定性や反応性が重要である。しかしながら，ウラン - 酸素系に係る研究は膨大であり，ここでは代表的な情報を紹介するにとどめ，詳細については個々の文献を参照されたい。

4.1　合成法

ウラン酸化物の種類と合成法を表4.1にまとめた。通常，実験室等において保有するウラン化合物は，U_3O_8やUO_2，ウラン金属，酢酸ウラニルである。これらから種々の酸化物を合成することになるが，ウランの原子価が複数あり，また，不定比性をもつことから，単相の酸化物合成には工夫を要する。まず，UO_2はU_3O_8を1000℃にて水素還元することにより，定比組成の$UO_{2.00}$を得る。合成直後は茶褐色を呈するが，空気中，数か月すると徐々に酸化されてハイパー組成のUO_{2+x}（黒色）となる。実験に使用する際には，色および格子定数をチェックして$UO_{2.00}$であることを確認しておく必要がある。11.1節の熱重量分析法で示しているように，UO_2は250℃付近よりU_3O_7まで酸化され，450℃でU_3O_8へ酸化される。U_4O_9はUO_2とU_3O_8を封管中で反応させて酸化が進行しないようにする。U_2O_5の場合，ウランのV価は不安定であり，加圧下，封管中にてV価を保つ。

U_3O_7はUO_2を低温にて酸化して得られる。UO_3はウラン酸塩を500℃にて熱分解させて得る。硝酸塩を加熱処理したときの，加熱温度による生成物の違いを図4.1に示す。硝酸ウラニルを400℃にて加熱すると，一部硝酸塩が残留しているものの，α－およびβ－UO_3を生成する。450℃では，α－UO_3相が成長し，500℃ではほぼα－UO_3相となる。550℃では，α－UO_3相が分解して，U_3O_8相が出現する。U_3O_8の合成法で示すように，800℃ではU_3O_8単相となる。酸素量の変化によって構造も変化するので，合成条件を丁寧に制御して行う必要がある。

表 4.1　ウラン酸化物の種類と合成法

酸化物	色	合 成 法
UO_2	茶褐	U_3O_8 の H_2還元(1000°C)
U_4O_9	黒	$UO_2+U_3O_8$ の封管反応(1000°C)
$\alpha-U_2O_5$	黒	$UO_2+U_3O_8$ の封管反応(1000°C, 15 kbar)
$\alpha-U_3O_7$	黒	UO_2 の O_2酸化(160°C)
$\alpha-U_3O_8$	黒	UO_2 の O_2酸化(800°C)
$\beta-UO_3$	橙	$(NH_4)_2U_2O_7$ の熱分解(500°C)

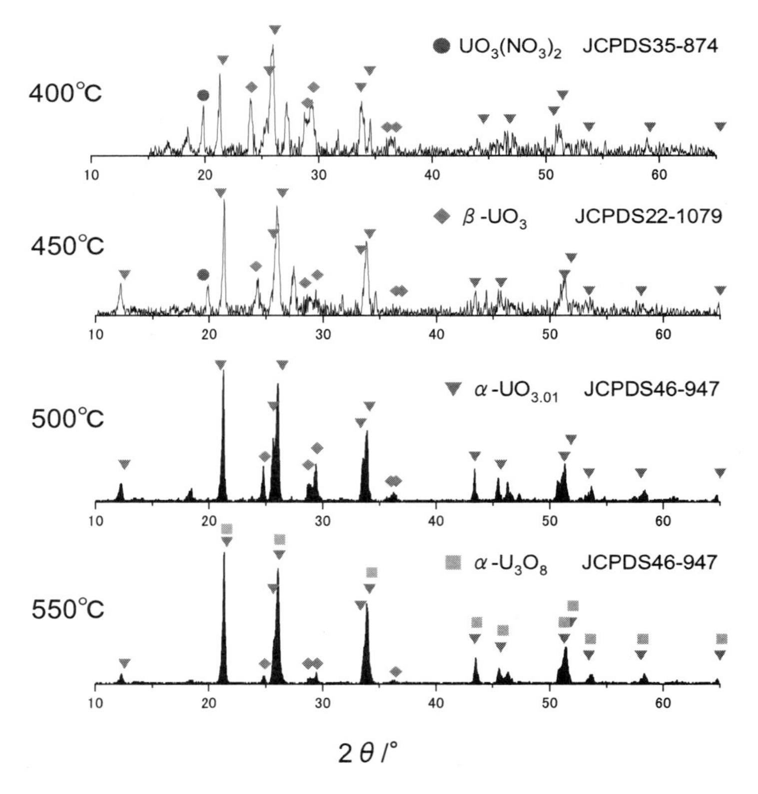

図 4.1　硝酸ウラニルの加熱処理によるウラン酸化物生成

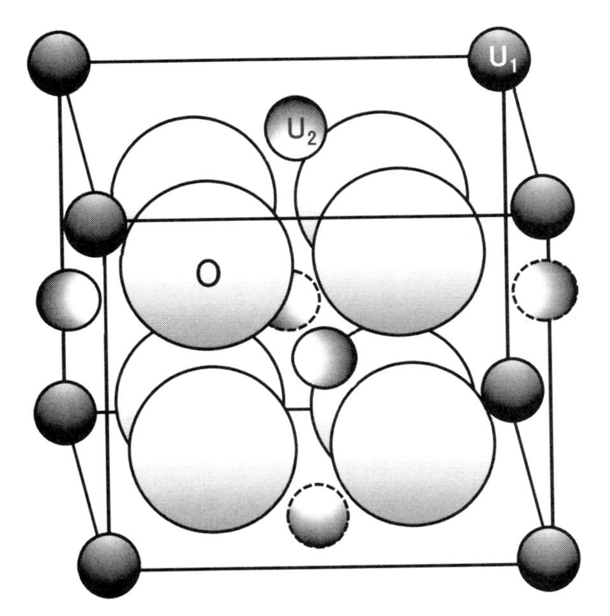

図4.2　UO_2 の単位格子

4.2　二酸化物

面心立方構をとる UO_2 の単位格子を図4.2に示す。単位格子内のU原子位置は2種類ある。格子の角にあるU（U_1）は周囲の単位格子に対し1/8を占有しており，8つの角から $1/8 \times 8 = 1$ 個のU原子が存在する。次に各面の中心にあるU原子（U_2）は隣の単位格子と1/2個占有しており，格子全体では6面あるので，$1/2 \times 6 = 3$ 個となる。一方酸素原子（O）は単位格子内に8個ある。つまり単位格子内には，U原子4個，O原子8個となり，U：O ＝ 4：8つまり UO_2 を構成している。単位格子内のUおよびO原子の質量を，格子定数5.4674 Åから求まる体積で割ると，理論密度，10.96 g/cm^3 が得られる。表4.2にはU酸化物の性質を示す。UO_2 は茶褐色を呈し，面心立方（fcc）構造を取る。UO_2 単位格子内の8個の酸素原子に囲まれた中心部に酸素が入ると U_4O_9 となる。U_4O_9 は黒色を呈

表 4.2　ウラン酸化物の性質

化学式	色	結晶構造	O/M	密度 (g/cm^3)
UO_2	褐色	面心立方晶	2.0	10.96
U_4O_9	黒色	体心立方晶	2.125	10.30
U_2O_5	黒色	単斜晶	2.25	10.50
U_3O_8	緑黒色	斜方晶	2.67	8.40
UO_3	橙色	単斜晶	3.0	8.25

し，体心立方（bcc）構造を取り，密度は 10.30g/cm^3 である。さらに U_2O_5 は単斜晶構造を取り，密度 10.50g/cm^3 と O/M 比の増加とともに，密度が低下する。さらに酸化された U_3O_8 や UO_3 では，それぞれ斜方晶と単斜晶構造を取り，密度は 8.40，8.25g/cm^3 となる。UO_2 グループが 10 付近の密度を示していることと比べると，U_3O_8 や UO_3 では，密度が低下，すなわち，酸化により体積が増加することを示している。

4.3　不定比性と固溶体

次に，UO_2 の不定比性について述べる。図 4.3 には U － O 系状態図を示す［6］。UO_2 は酸素比が 0.667 の線上にある。温度が上昇すると，UO_2 より酸素不足（ハイポ）および過剰側（ハイパー）領域に広がる。UO_2 は不活性雰囲気において 1600℃以上では UO_{2-x} のようなハイポ組成をとる。ハイパー側は U_4O_9 の組成が限界である。UO_2 はこの領域において，U サイトに FP あるいは MA 原子が置換（固溶）して，固溶体を生成する。また，酸素比が 0.727 には U_3O_8 が，0.75 には UO_3 が存在する。U_3O_8 には固溶領域は存在せず，2000K 付近で U_4O_9 と酸素に分解する。UO_3 は 800K 付近で U_3O_8 と酸素とに分解する。状態図上には表れないが，U_2O_5 は 250℃で U_4O_9 と U_3O_8 に不均化する。

表 4.3 には固溶する金属の価数と 8 配位構造の結晶半径（Å）を示す。トリウムやプルトニウムのようにウランと近い値を取る金属はウランと全率固溶する。＋3 価の希土類金属の固溶量は多いものの，＋2 の金属にな

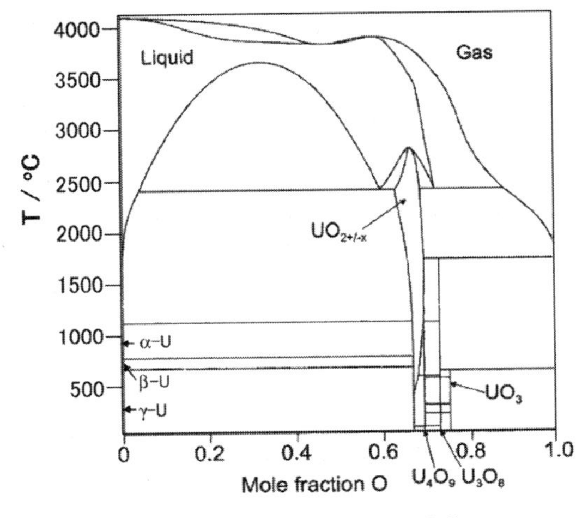

図4.3　U－O系状態図［6］

表4.3　固溶する金属の価数と8配位構造の結晶半径（Å）［7］

価数	金属	結晶半径	価数	金属	結晶半径
+2	Ca	1.26	+3	Eu	1.206
	Sr	1.40		Gd	1.193
	Ba	1.56	+4	Zr	0.98
	Eu	1.39		Th	1.19
+3	La	1.010		U	1.14
	Ce	1.300		Pu	1.10
	Pr	1.283	+5	Nb	0.88
	Nd	1.266		Ta	0.98

り，結晶半径の差が大きくなると固溶量は減少する。また，還元雰囲気より酸化雰囲気の方が固溶量が多くなる。ユーロピウムのように+2価や+3価をとる金属は，温度や雰囲気により価数が変化し，固溶量も変わる。固溶体の状態については，文献［5］によくまとめられている。

ここで，酸化雰囲気における希土類元素の固溶について述べる。図4.4にはNd_2O_3とU_3O_8を当モル量混合し，空気中，異なる温度にて36時間，

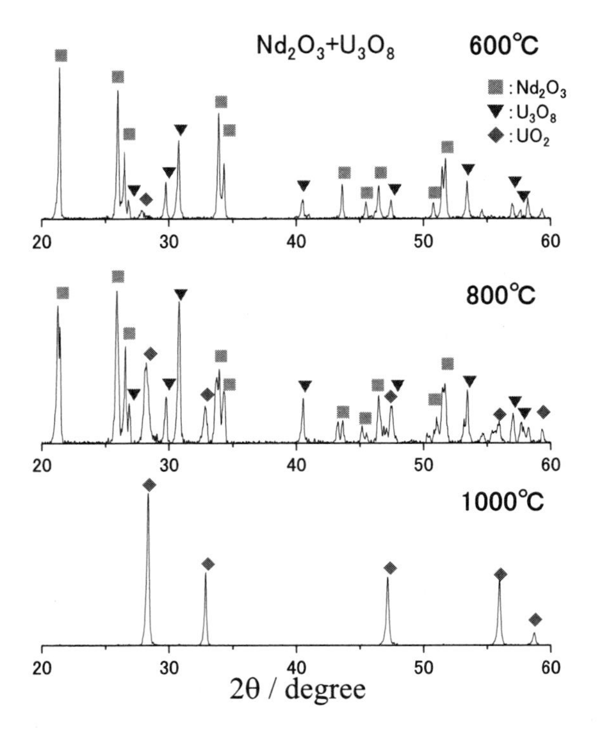

図 4.4　U_3O_8 と Nd_2O_3 の加熱処理後の相関係

加熱処理した時のXRD測定による相変化を示した。600℃では出発物質が主であるが，800℃では UO_2 相のピークが現れる。1000℃になると Nd_2O_3 や U_3O_8 相のピークが消滅し，UO_2 相に相当する5本ピークのみとなる。この UO_2 相の格子定数は5.445Åとなり，$UO_{2.00}$ の5.470Åより小さい。結晶半径が小さいNdがUサイトに置換して固溶体を生成していることが分かる。$U_3O_8(UO_{2.667})$ と $Nd_2O_3(NdO_{1.5})$ を合わせると $NdUO_{4.167}=2(Nd_{0.5}U_{0.5}O_{2.084})$ となり，UO_{2+x} のx値が $U_4O_9=UO_{2.25}$ の場合の0.25以下であり，固溶体を生成する範囲にある。

図4.5には 生成した UO_2 相の格子定数の変化を示す。加熱温度の上昇とともに，格子定数は低下し，固溶量が増加していることがわかる。Eu

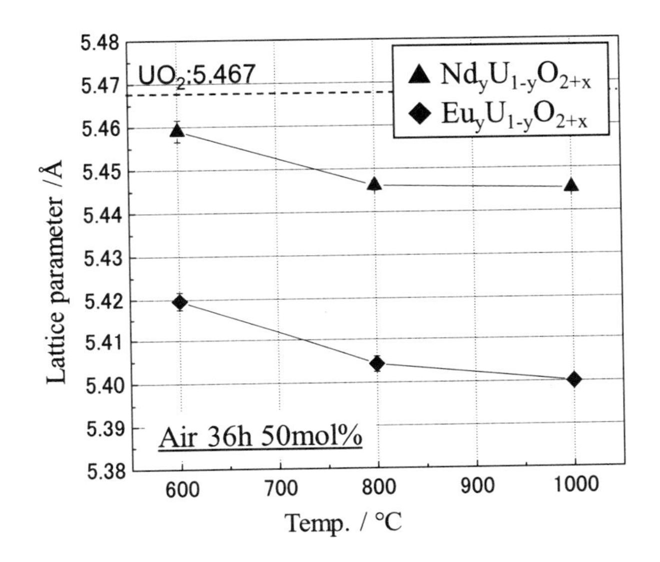

図 4.5　加熱処理温度による UO_2 格子定数の変化

の固溶体の方が Eu 添加量に対する格子定数の減少が大きい。

UO_2 は燃料として燃焼中に U数が核分裂により減少するので，O/U比が高まる。図4.6 には UO_{2+x} の酸素不定比性 x 値に対する酸素ポテンシャル(log P(O_2))の変化について，3 価金属および 2 価金属が固溶した場合も含めて，示した[8]。1600 から 1700℃にて水素還元により UO_2 ペレットを製造すると，UO_{2+x} はハイポ組成にある。図4.6 の①の曲線をみると，ハイ組成ポから x 値が増加して 0 つまり $UO_{2.00}$ に近づくと，酸素ポテンシャルは急増し，その後，暫増する。特に，急増時に－200 kJ/mol を超えると Zr が酸化されるようになり，被覆管が損傷するようになる。図中では曲線①の急増部分の上端あたりになる。したがって，log P(O_2)が高まらないようにすることが必要である。例えば，La や Gd のような 3 価金属が固溶した燃料$A_y^{3+}U_{1-y}O_{2+x}$ の場合(②)，log P(O_2)の急変点は UO_{2+x} の場合と同様 x=0 にあるが，ハイポ領域において，log P(O_2)の高まりが緩やかになる領域が現れる。さらに

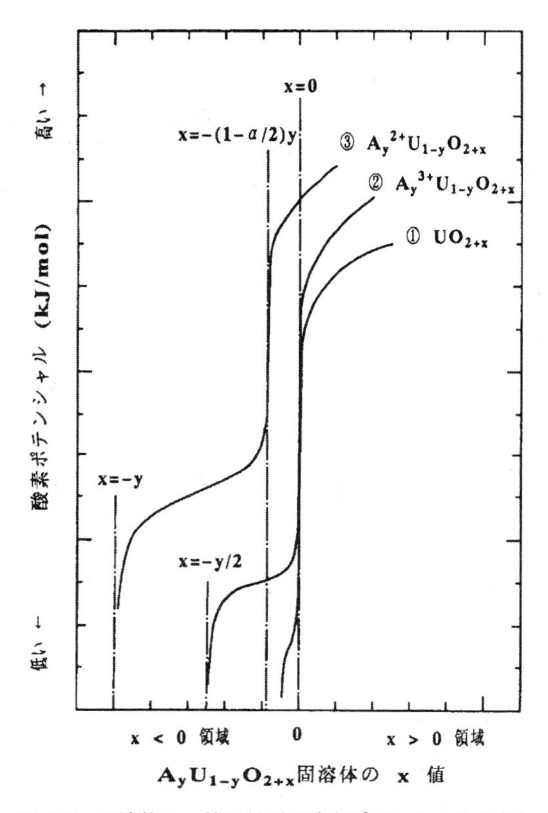

図 4.6　固溶体の x 値に対する酸素ポテンシャルの変化［8］

BaやSrのような2価の金属が固溶すると，③$A_y^{2+}U_{1-y}O_{2+x}$の場合には，急変点がハイポ領域側にシフトし，かつ，xの増加に対する log P(O_2)の増加が抑制されるようになる。このことは，2価および3価金属を添加することにより，燃焼による log P(O_2)の高まりにくい燃料にすることができる。ユーロピウムのように+2価や+3価をとる金属は，温度や雰囲気により両者の効果が現れる[9]。

表 4.4　U_3O_7 および U_3O_8, UO_3 の性質

酸化物	色	結晶系	格子定数（Å）			β, γ (°)	密度 (g/cm³)
			a	b	c		
$\alpha-U_3O_7$	黒	正方	5.46		5.41		
$\beta-U_3O_7$	黒	正方	5.371		5.532		
$\alpha-U_3O_8$	黒	斜方	6.72	11.96	4.15		8.40
$\beta-U_3O_8$	黒	斜方	7.05	11.42	8.29		
$\alpha-UO_3$	茶	斜方	3.913	6.936	4.167		7.2
$\beta-UO_3$	橙	単斜	10.34	14.33	3.91	99.03	8.25
$\gamma-UO_3$	黄	単斜	6.89	6.89	19.94	90.34	8.01
$\delta-UO_3$	赤	立方	4.15				
$\varepsilon-UO_3$	深赤	三斜	4.002	3.841	4.165	90.33/120.28	8.73

4.4　高酸化状態の酸化物

表 4.4 には U_3O_7 および U_3O_8, UO_3 の性質を示す。U_3O_7 は正方晶を取るが, U_3O_8 では斜方晶となる。また, UO_3 には多くの多形が存在し, 色も異なる。U_3O_8 では密度が 8.40 g/cm^3 であり, UO_3 と近い値を示すが, UO_2 とは異なる。

［参考文献］

[1] 無機化学講座第17巻「放射性元素」, 17-1ウラン, 奥野久輝, 木越邦彦, 中西正城丸著, 丸善, (1953)
[2] "The Chemistry of Uranium Including Its Applications in Nuclear Technology", E. H. P. Cordfunke, Elsevier Publishing Company, (1969)
[3] "The Chemistry of the Actinide Elements", Vol.1, Chap. 5, Uranium, Fritz Weigel, (Eds., J.J. Katz, G.T. Seaborg, L. R. Morss), Chapman and Hall, (1986)
[4] 講座・現代の金属学　材料編 8「原子力材料」, 第4章　核燃料, 古屋広高著, 日本金属学会, (1989)
[5] T. Fujino, C. Miyake, "Handbook on the Physics and Chemistry of the Actinides", Vol.6, Chap.3, NORTH-HOLLAND, (1991)
[6] C.Gueneau et al., J. Nucl. Mater., 304, 161-175, (2002)

[7] R. D. Shannon, Acta Crystallogr., A 32, 751-767, (1976)
[8] 藤野威男，佐藤修彰，低酸素ポテンシャル核燃料，特願平 04－45045，(2004)
[9] T. Fujino, J. Nucl. Mater., 154, 14-24, (1988)

第5章　ハロゲン化物

周期表第17族には，フッ素をはじめとするハロゲンX（X = F，Cl，Br，I，At，Tn）があり，これらハロゲンとウランとにより，種々のハロゲン化物MXn（n = 3，4，5，6）が存在する。また，酸素を含むオキシハロゲン化物の性質も重要である。

5.1　フッ化物

(1) フッ化物の合成法

フッ化物を合成する場合のフッ化剤にはフッ素ガス（F_2），フッ化水素（HF），フッ化水素アンモニウム（HN_4F_2）などがあり，ウランの状態に応じてとは合成方法を選択する。吸湿性が強いため，基本的には乾式法を用いる。F_2 は酸化性の，HF は還元性のフッ化剤であり，金属Uとの反応では（5-1），（5-2）のようにそれぞれ，UF_6 および UF_4 を生成する。

$$U + 3F_2 = UF_6 \tag{5-1}$$

$$U + 4HF = UF_4 + 2H_2 \tag{5-2}$$

酸化物を出発物質とする場合には（5-3），（5-4）のように反応する。

$$UO_2 + 3F_2 = UF_6 + O_2 \tag{5-3}$$

$$UO_2 + 4HF = UF_4 + 2H_2O \tag{5-4}$$

（5-3）式において UF_6 生成の前に UO_2F_2 を生成する場合もある。

$$UO_2 + F_2 = UO_2F_2 \tag{5-5}$$

$$UO_2F_2 + 2F_2 = UF_6 + 2O_2 \tag{5-6}$$

実際に（5-3）式のフッ化反応がどのように進行するか，UO_2 と F_2 との

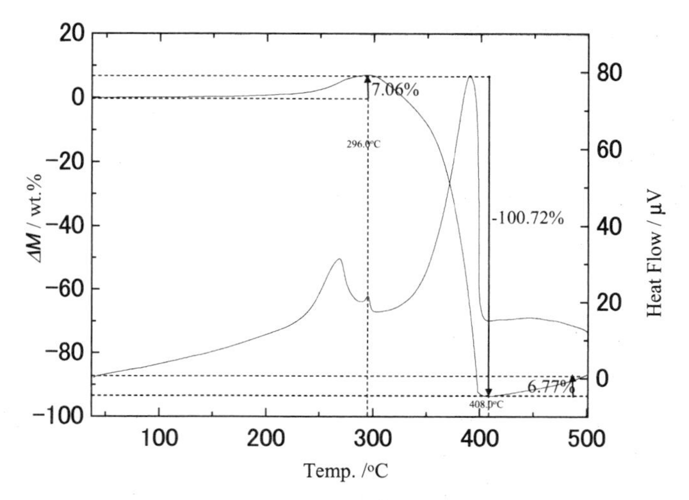

図 5.1　UO_2 とフッ素との反応の TG-DTA 測定結果

反応の TG-DTA 測定を行い，その結果を図 5.1 に示す。

この図の左側の縦軸，ΔM は出発重量に対する重量変化を示し，右側の縦軸は熱量変化で，上向きのピークは発熱反応であることを示す。フッ素雰囲気（Ar + 5 % F_2）において 10℃ /min で加熱すると，200℃付近より発熱を伴う 7 %の重量増加が見られる。これは UO_2 が F_2 により酸化されて V 価のオキシフッ化物 UO_2F を生成する（5-7）式の重量増加 7.04%と相当する。次に，(b）では UO_2F がさらに酸化，フッ化され UO_2F_2 を生成する（(5-8）式)。さらに（c）では（5-6）のフッ化により生成する UF_6 の揮発による重量減少がみられる。UO_2F_2 から UF_6 へのフッ化（(5-6）式）は速く，(b）の直後から重量減少がみられ，UF_6 として揮発することがわかる。

$$UO_2 + 1/2\,F_2 \rightarrow UO_2F \quad (5\text{-}7)$$

$$UO_2F + 1/2\,F_2 \rightarrow UO_2F_2 \quad (5\text{-}8)$$

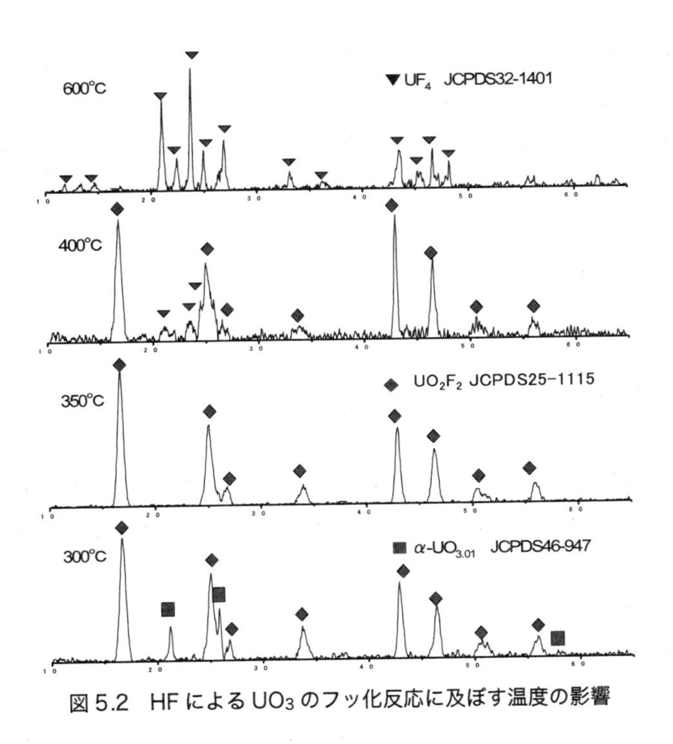

図5.2　HFによるUO_3のフッ化反応に及ぼす温度の影響

次に，HFによるUO_3のフッ化反応に及ぼす温度の影響について調べてみる。図5.2には，異なる温度におけるUO_3とHFとの反応生成物について粉末X線回折による相関係の同定結果を示した。300℃で反応させた場合，生成物は原料であるUO_3とUO_2F_2であるが，350℃ではUO_2F_2単相となり，黄緑色を呈する。400℃ではUO_2F_2とUF_4の混相であり，600℃ではUF_4単相となり，深青色を呈する。このようにHFを用いた場合，低温では酸素とフッ素の置換によるオキシフッ化物の生成が，高温ではHFの還元フッ化による低級フッ化物の生成が見られ，無水化合物の合成法として利用できる。これに対し，湿式法で合成する場合もある。U_3O_8をHF水に直接溶解すると溶液中にはU^{4+}とUO_2^{2+}が共存しており，最初に緑色のUF_4として，次に黄色のUO_2F_2結晶が析出する。そこで予めU_3O_8を硝酸に溶解して，すべてUO_2^{2+}としてから，HFを添加して減容すると，

UO_2F_2のみが得られる。しかし，この湿式法によるUO_2F_2は水分を含んでおり，乾式系の反応実験には使用できない。

酸素の混入を避ける場合には，予め，塩化物等を調製し，(5-9) 式のようにハロゲンの置換反応によりフッ化物を合成できる。

$$UCl_4 + 4HF = UF_4 + 4HCl \tag{5-9}$$

また，F_2やHFといったフッ素含有ガスの取扱には，配管や反応管材質，ガス漏れ，排ガス対策等注意を要するので，NH_4Fのような固体フッ化剤を用いることもできる。例えば，LiF-NaF-KFのようなフッ化物溶融塩中にNH_4Fを添加してフッ化する場合がある。この場合，1モルの固体が分解して2モルの気体が発生するので，体積膨張による塩の飛散などに注意する。

$$NH_4F = NH_3 + HF \tag{5-10}$$

また，金属ウランとUF_4等とを石英管中に真空封入し，低温反応により数日間加熱して生成する方法で，U/F比を制御することにより，UF_3や$UF_{4.5}$などの低級フッ化物が得られる。

次に，オキシフッ化物の合成には，後で述べる図5.3のU-F_2-O_2系化学ポテンシャル図から，(1) 酸化物のフッ化，(2) フッ化物の酸化という2つのルートがあり，これまで，(1) の酸化物を出発物質としたフッ化の例を紹介してきた。一方 (2) のフッ化物の酸化反応の例もあるが，そもそも出発物質であるUF_6の合成や取扱が難しく，一般的ではない。F_2の関わる反応系ではガラス反応管は難しいとされている。実際，HFは100℃でも石英管と反応するので，反応実験に使用することは難しいが，F_2の場合，300℃まではフッ素と反応せず，また，ウラン酸化物とはこれより低温で反応するので，UO_2F_2やUF_6の合成には適用できる。

UF_3の合成は，基本的には，UF_4を出発物質として，H_2もしくはウラン金属を還元剤として使用する方法で合成が可能である。しかしながら，どちらの方法も，1000℃以上に加熱する必要があり，水素での還元は推奨されない。ウラン金属での還元反応は，平衡反応で，可逆であるため，純粋な UF_3 を得るには，さらに精製が必要である。

$$3UF_4 + U \rightleftarrows 4UF_3 \tag{5-11}$$

最近になって，シリコンによる還元方法で非常に高純度の三価ハロゲン化物 UX_3（X ＝ F，Cl，Br，I）を得る方法が報告されている［6］。

$$4UX_4 + Si = 4UX_3 + SiX_4 (X = F, Cl, Br, I) \tag{5-12}$$

4価ハロゲン化物とケイ素を真空封入し，フッ化物の場合は700℃において7日間，塩化物では450℃において25日間，さらに臭化物は400℃にて14日間，ヨウ化物は450℃にて7日間加熱し，未反応の四価ハロゲン化物を昇華除去することで，UX_3 が得られる。

5価のフッ化物 UF_5 は，125℃で液状の UF_6 に UF_4 を反応させることで得られる。

$$UF_4 + UF_6 \rightarrow 2UF_5 \tag{5-13}$$

さらに，12.7（b）で述べるフッ化物揮発再処理法に適用されたニトロフルオル法（Nitrofluor process）では，揮発性ウランフッ化物として $NOUF_6$，六フッ化ニトロシルウラン（Nitrosyl hexafluoro uranate）を使用する。ここでは NO_2-HF 無水溶媒とウラン化合物とを常温で反応させて得る。この場合，上記溶媒中に生成するフッ化ニトロシル（NOF）と反応により合成される［7］。

$$UO_2 + 6NOF \rightarrow NOUF_6 + 4NO + NO_2 \tag{5-14}$$

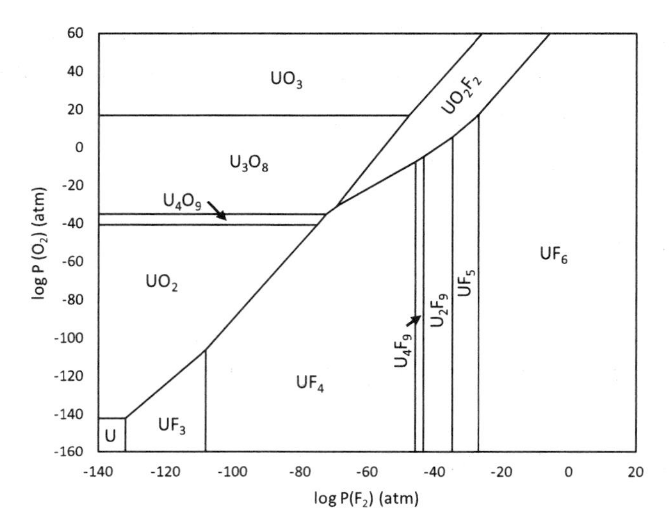

図 5.3　U-F_2-O_2 系化学ポテンシャル図（100℃）［6］

(2) U-F_2-O_2 系の熱力学

U-F_2-O_2 系の化合物の安定状態を理解するために化学ポテンシャル図が有効である。図5.3には熱力学計算ソフトMalt2 for Windows［8］を用いて作成した，100℃におけるU-F_2-O_2 系化学ポテンシャル図をに示す。高温になると液相，気相が混在するため，ここでは，低温にて固相のみ存在する場合について作成している。横軸および縦軸はそれぞれ，フッ素ポテンシャル（log P (F_2)）および酸素ポテンシャル（log P (O_2)）を示す。log P (F_2) およびlog P (O_2) が極めて低い場合には金属Uが安定であり，金属Uのとなりに UF_3 および UO_2 が存在する。フッ化物の場合，log P (F_2) の増加とともに UF_4，$UF_{4.25}$ (U_4F_9)，$UF_{4.5}$ (U_2F_9)，UF_5，UF_6 を生成する。一方酸化物については，log P (O_2) の増加とともに UO_2 が酸化されて U_4O_9，U_3O_8，UO_3 が存在する。フッ素および酸素を含む化合物として，VI 価のオキシフッ化物（Oxy fluoride）として UO_2F_2（フッ化ウラニル）が存在する。Ⅳ価の UOF_2 もあるが，熱力学データが不備で，同図には現れない。

表5.1　ウランハロゲン化物の種類と性質

酸化状態	フッ化物	塩化物	臭化物	ヨウ化物
+6	UF_6 無色～白色 融点 64.052℃ 昇華点 56.5℃	UCl_6 褐色 融点 177.5℃		
+5	UF_5 無色～白色 融点 348℃	UCl_5 赤褐色 分解	UBr_5 暗褐色 分解	
+4	UF_4 緑青色 融点 960℃	UCl_4 暗緑色 融点 590℃ 沸点 789℃	UBr_4 暗褐色 融点 519℃ 沸点 777℃	UI_4 緑色 融点 506℃ 沸点 757℃
+3	UF_3 赤紫色 融点 1140℃	UCl_3 うす緑色 融点 842℃	UBr_3 暗褐色 融点 755℃	UI_3 濃赤色 融点 680℃

(3) フッ化物の性質

ウランのハロゲン化物の性質を表5.1に示す。

UF_3は，UCl_3よりも安定で，空気中の水分とゆっくり反応し，酸化されるが，それほど潮解性が高いというほどでもない。水には不溶で徐々に酸化される。UF_4は，水に溶解し，比較的安定な溶液を与える。

UF_5は，透明～白色の固体で，結晶系に応じて$\alpha-UF_5$，$\beta-UF_5$が得られる。水と反応して加水分解し，より安定なUF_4とUO_2に変化すると考えられている。

$$2UF_5 + 2H_2O \rightarrow UF_4 + UO_2^{2+} + 2F^- + 4HF \quad (5\text{-}15)$$

UF_6は，水と激しく反応しUO_2F_2とHFを生成する。

$$UF_6 + 4OH^- \rightarrow UO_2^{2+} + 6F^- + 2H_2O \quad (5\text{-}16)$$

UF_6はフッ化剤としても働くため，多くの有機溶媒中で反応するが，塩素系の溶媒には，比較的安定に溶解する。アルコール，エーテルとは反応して，HFやフッ化炭素を生じる。ニトロベンゼンには溶解し，濃赤色の溶液を与える。

5.2　塩化物

(1) 合成法

(a) UCl_3

初期には，UCl_4を出発物質として，水素で還元する方法や，金属ウランで還元する方法，金属亜鉛で還元する方法など行われてきた。4価のハロゲン化物UX_4（X = Cl，Br，I）を出発物質として金属，水素などを用いて還元する方法が知られている。UX_4と亜鉛との反応を利用する方法が有名である。

$$2UX_4 + Zn = 2UX_3 + ZnX_2 (X = Cl,\ Br,\ I) \quad (5\text{-}17)$$

UX_4と亜鉛を石英管内で真空中550℃－600℃で12－24時間加熱することで塩化物と臭化物が得られる。3価塩化物は850℃以上で石英と反応しUO_2を生成することがあるので注意する。

最も満足のいく収量で合成できる方法は，ウラン金属もしくは水素化物を塩化水素気流下で加熱する方法である（3.3節（3-3）式参照）。この方法は，臭化水素ガスを用いることで，UBr_3の合成も可能である。

(b) UCl_4

4価の塩化物の一般的な合成法は，四塩化炭素気流中でUO_2を加熱反応させる方法である。ただし，この方法では後述のようにUCl_5や$UOCl_3$などの副生成物の生成は避けられないため，昇華結晶などの方法により精製する必要がある。

$$UO_2 + CCl_4 = UCl_4 + CO_2 \tag{5-18}$$

UCl_4に限らず，UBr_4およびUI_4を合成する別法として近年塩化アルミニウムと二酸化ウランを真空封管中250℃で加熱する方法（X = Cl；6時間，X = Br；12時間）が報告された［7］。

$$UO_2 + 2AlX_3 = UX_4 + 2AlOX\ (X = Cl,\ Br) \tag{5-19}$$

ハロゲン化物生成反応後のCVD法により，高純度で大きな結晶が得られる。

(c) UCl_5

5価の塩化物は，比較的合成が難しく，不純物を含む形でしか得られないことが多い。これは，下記のように不均化反応や，塩素が遊離する熱分解反応が100℃以下で起こってしまうためだと考えられている。

$$2UCl_5 \rightarrow UCl_4 + UCl_6 \tag{5-20}$$

$$UCl_5 \rightarrow UCl_4 + 1/2\,Cl_2 \tag{5-21}$$

4価の塩化物同様，CCl_4気流下でウラン酸化物を加熱することにより得られるが，UCl_6との混合物として得られるため，その後の精製が必要となる。

$$4UO_2 + 5CCl_4 = 4UCl_5 + 2CO + 3CO_2 \tag{5-22}$$

(d) UCl_6

6価の塩化物合成の最も満足できる方法は，液体窒素温度に冷却したUF_6上に3塩化ホウ素を凝縮させ，徐々に温度を上げていく方法がある。副生成物のBF_3は揮発性なので，除去も容易である。

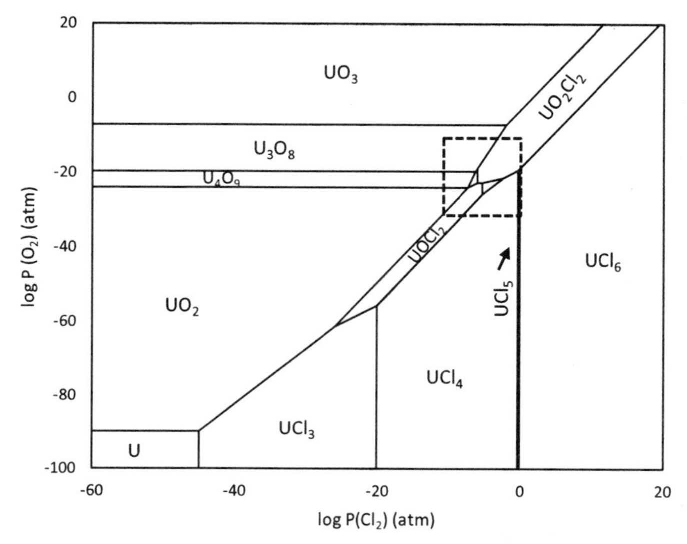

図 5.4　U-Cl$_2$-O$_2$ 系化学ポテンシャル図（300℃）[6]

$$UF_6 + 2BCl_3 = UCl_6 + 2BF_3 \qquad (5\text{-}23)$$

(2) U-Cl$_2$-O$_2$ 系の熱力学

図 5.4 には熱力学計算ソフト Malt2 for Windows [8] を用いて作成した，300℃における U-Cl$_2$-O$_2$ 系化学ポテンシャル図を示す。U-F$_2$-O$_2$ 系の場合と同様，高温になると液相，気相が混在するため，ここでは，低温にて固相のみ存在する場合について作成している。横軸および縦軸はそれぞれ，酸素（log P (O$_2$)）および塩素（log P (Cl$_2$)）ポテンシャルを示す。log P (O$_2$) および log P (Cl$_2$) が極めて低い場合には金属 U が安定であり，ポテンシャルが増加すると塩化物 UCl$_3$ および UO$_2$ が現れる。さらに log P (Cl$_2$) が高くなると UCl$_4$, UCl$_5$, UCl$_6$ を生成する。UCl$_5$ はほとんど線で示されているが，これより高温では分解（不均化）して消滅する。一方酸化物については，log P (O$_2$) の増加とともに UO$_2$ が酸化されて U$_4$O$_9$, U$_3$O$_8$, UO$_3$ が存在する。塩素および酸素を含む化合物（オキシ塩化物）が塩化物と酸化物の間に存在する。まず，Ⅳ価オキシ塩化物とし

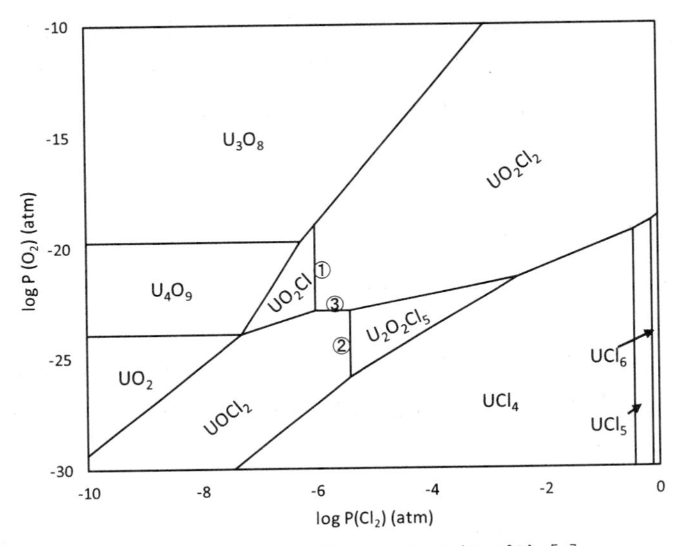

図 5.5　図 5.4 の点線範囲の拡大図（300℃）[6]

て $UOCl_2$ が存在する。さらに log P (Cl_2) が高くなると U (VI) まで酸化され，UO_2Cl_2（塩化ウラニル）となる。U (IV) および U (VI) のオキシ塩化物の生成反応は酸化物を塩化する場合は以下のようになる。いずれも logP (Cl_2) および logP (O_2) に依存するため，図中では斜めの線となる。

$$UO_2 + Cl_2 \rightarrow UOCl_2 + 1/2\,O_2 \tag{5-24}$$

$$UO_3 + Cl_2 \rightarrow UO_2Cl_2 + 1/2\,O_2 \tag{5-25}$$

これに対し塩化物を酸化する場合は以下のようになり，図 5.4 にそれらの領域が現れる。

$$UCl_4 + 1/2\,O_2 \rightarrow UOCl_2 + Cl_2 \tag{5-26}$$

$$UCl_6 + O_2 \rightarrow UO_2Cl_2 + 2\,Cl_2 \tag{5-27}$$

図中，点線部分には微少な領域が存在しており，この部分を拡大すると図5.5のようになる。この図では新たにUO_2Clや$U_2O_2Cl_5$といったU（V）のオキシ塩化物の領域が現れる。これらは，次式のようにU_4O_9の塩化や，UCl_4の酸化により生成する。

$$1/2U_4O_9 + Cl_2 \rightarrow 2UO_2Cl + 1/4O_2 \quad (5\text{-}28)$$

$$2UCl_4 + O_2 \rightarrow U_2O_2Cl_5 + 3/2Cl_2 \quad (5\text{-}29)$$

次に，UO_2ClからUO_2Cl_2を生成する反応や，$UOCl_2$から$U_2O_2Cl_5$を生成する反応は以下のように$\log P(Cl_2)$に依存し，図5.5中では，それぞれ①や②の直線で現れる。

$$2UO_2Cl + Cl_2 \rightarrow 2UO_2Cl_2 \quad (5\text{-}30)$$

$$4/3UOCl_2 + Cl_2 \rightarrow 2/3U_2O_2Cl_5 \quad (5\text{-}31)$$

これに対し，$UOCl_2$からUO_2Cl_2を生成する反応は，次式のように$\log P(O_2)$にのみ依存するので，図中③のようになる。

$$2UOCl_2 + O_2 \rightarrow 2UO_2Cl_2 \quad (5\text{-}32)$$

高温では，オキシ塩化物はそれぞれ酸化物と塩化物に分解し，ポテンシャル図上にはそれらの領域は存在しなくなる。

(3) 塩化物の化学的性質

UCl_3は，UBr_3よりは安定な紫色の水溶液になるが，容易に酸化される。塩酸溶液中では，比較的安定に存在することが知られている。有機溶媒には不溶である。

UCl_4は，潮解性が強く，不活性雰囲気グローブボックスで取り扱う必要がある。水に溶解するが加水分解する。非極性溶媒には溶解しない。

UCl_5 は，湿気に弱く，水溶液は，直ちに不均化反応を起こす。一方で有機溶媒中では比較的安定で，二硫化炭素，四塩化炭素，塩化チオニルに溶解する。

UCl_6 については，化学的性質はほとんど調べられていない。四塩化炭素，クロロメタンなどに可溶だが，ベンゼンには不溶である。

5.3　臭化物とヨウ化物

(1) 臭化物

表5.1に示す通り，臭化物には，ウラン5価，4価，3価の化合物が知られているが，6価の臭化物については，これまでに合成例はない。

3価の臭化物は，いくつかの合成法が知られているが，最も一般的な方法としては，金属ウランと臭素を当量で300℃～500℃に加熱して暗褐色の固体として得る方法が挙げられる。

$$2U+3Br_2=2UBr_3 \tag{5-33}$$

4価の臭化物は，UO_2Br_2 を水中で電解還元することで，UBr_4 の水溶液を得ることができるが，合成法は，非常に多くの方法がこれまでに知られているが，代表的な合成法として，金属ウランを臭素気流下において650℃で加熱する方法がある。

$$U+2Br_2=UBr_4 \tag{5-34}$$

もう一つの代表例として，UO_2 を四臭化炭素と175℃で反応させる方法もある。この方法では，UO_2 の代わりにより反応性の高い UO_3 を用いることで，より低温（165℃）で合成が可能となる。

$$UO_2+CBr_4=UBr_4+CO_2 \tag{5-35}$$

5.1.(1)，5.2.(1) で紹介した方法でも合成可能である。

5価の臭化物の合成法で，最も信頼できる方法は，金属ウランと過剰量の臭素を触媒量のアセトニトリル（ウランに対して1/10量）と室温で反応させる方法である。

$$U + 5/2\,Br_2 = UBr_5 \qquad (5\text{-}36)$$

臭化物の化学的性質は以下のようである。UBr_3 は，UCl_3 よりも潮解性が強く，また，室温で酸素と反応する。水に激しくガスを発生しながら溶解し，赤紫色の溶液を与えるが，数十秒で4価に変化し緑色の溶液になる。非極性溶媒には不溶で，ホルムアミド，アセトアミドなど極性溶媒に溶解し，赤紫色の溶液を与えるが，すぐに酸化されて緑色溶液に変化する。UBr_4 は潮解性があり，空気中でも湿気があれば加水分解しやすい。非極性溶媒に溶解しない。極性溶媒，水に溶けて，緑色溶液を与えるが，臭化水素を遊離し，加水分解するなどで分解する。

UBr_5 は，著しく湿度に不安定で，不活性雰囲気下で取り扱う必要がある。水，エタノール，酢酸エチル，ジオキサン，アセトンに溶解し，素早く不均化する。無水アセトニトリル，ジクロロメタンに溶解し，安定な溶液を与える。

(2) ヨウ化物

ヨウ化物には，ウラン3価，4価の化合物が知られている。どちらも黒色の針状結晶として得られる。5価，6価のヨウ化物については，これまでに合成例はない。

3価のヨウ化物は，ヨウ素を蒸留し350℃に加熱したウラン金属に接触させる。その後封入し，はじめ130℃で，のちに570℃で数時間加熱させることで得られるが，少量の UI_4 の生成が認められる。

$$U + 3/2\,I_2 = UI_3 \qquad (5\text{-}37)$$

また，この方法では，過剰量のヨウ素を反応させることにより主生成物が，UI_4 になってしまうという欠点もある。

4価のヨウ化物は，UI_3 同様の方法で500℃に加熱するか，UI_3 に過剰量のヨウ素を反応させて，合成されてきた。

$$U + 2I_2 = UI_4 \tag{5-38}$$

$$UI_3 + 1/2\, I_2 = UI_4 \tag{5-39}$$

しかしながら，常温では（5-39）式の逆反応が起こりやすく，UI_4 は，UI_3 との混合物として得られることが多い。そこで，UCl_4 や UBr_4 の合成の項で述べたように，近年，二酸化ウランとアルミニウムを用いる反応により，高純度で得られる方法が見出された［7］。合成反応を次式に示す。

$$4UO_2 + 6Al + 9I_2 = 4UI_4 + 2Al_3O_4I \tag{5-40}$$

ヨウ化物の化学的性質は以下のようである。UI_3 は，空気中で極めて不安定であり，水と激しく反応し，ヨウ素を遊離する。酸素がない状態では酸性媒体に溶解し，比較的安定な濃赤色の溶液を与える。四塩化炭素に不溶で，無酸素のメタノール，エタノール，酢酸エチル，ジメチルアセトアミド，酢酸溶解する。

UI_4 は，黒色固体で，感湿性が高く，大気中で分解する。水や酸に溶け，緑色溶液を与える。非水溶媒のアンモニア，ジメチルアセトアミド，ピリジン中で溶媒和生成物を与える。アセトニトリルとも溶媒和生成物を与えるが不安定である。

5.4　オキシハロゲン化物

オキシハロゲン化物は，酸化物のハロゲン化あるいはハロゲン化物の酸化において現れる。特定の価数に調整するために適した金属，酸化物，ハロゲン化物を組み合わせ，反応させる必要がある。その多くは，1980年代

表 5.2　ウランオキシハロゲン化物の種類と性質

酸化状態	フッ化物	塩化物	臭化物	ヨウ化物
+6	UO_2F_2 黄緑色	UO_2Cl_2 橙色	UO_2Br_2 明赤色	UO_2I_2 赤色
+5		UO_2Cl 褐色 $UOCl_3$ 茶紫色	UO_2Br 黒褐色 $UOBr_3$	UO_2I 褐色
+4		$UOCl_2$ 黄緑色	$UOBr_2$ 黄色	UOI_2 赤茶色
+3		UOCl 赤色	UOBr	UOI

までに合成され報告されたものが多い。現在までに合成されたオキシハロゲン化物を表 5.2 に示す。

(1)　三価のオキシハロゲン化物（UOX）

三価のオキシハロゲン化物は，オキシ塩化物（UOCl），オキシ臭化物（UOBr），オキシヨウ化物（UOI）が知られている。尚，UOF の合成はこれまで知られていない。合成は，UOX_2 (X = Cl，Br，I) と UO_2 および金属ウランを入れた黒鉛るつぼを真空中石英容器に封入し，700℃で 24 時間加熱することで得られる。塩化物，臭化物に関しては UX_4 (X = Cl，Br) と U_3O_8 と金属ウランの組み合わせでも同じ条件で合成される。

$$2UOX_2 + UO_2 + U = 4UOX (X = Cl,\ Br,\ I) \qquad (5\text{-}41)$$

$$2UX_4 + U_3O_8 + 3U = 8UOX (X = Cl,\ Br) \qquad (5\text{-}42)$$

こ　れらの化合物は，いずれも潮解性で，取り扱いや測定は不活性雰囲気下のグローブボックス内で行う。UOCl は，PbClF 型構造の赤色結晶として得られ，水，エタノール，アセトン，四塩化炭素に不溶である。硫酸を添加すると分解する。

(2) 四価のオキシハロゲン化物（UOX_2）

四価のオキシハロゲン化物は，オキシ塩化物（$UOCl_2$），オキシ臭化物（$UOBr_2$），オキシヨウ化物（UOI_2）が単離され研究されている。オキシフッ化物（UOF_2）に関しては，UO_2 と ZrF_4 との溶融反応において電気化学的に同定されているのみである。

最も信頼できる $UOCl_2$ の合成方法は，溶融した過剰量の四塩化ウラン（UCl_4，600℃）に二酸化ウラン（UO_2）を混合することで得る方法である。反応後，徐冷し450℃真空中で UCl_4 を留去することで純粋な緑黄色結晶として得られる。

$$UO_2 + UCl_4 \rightleftarrows 2UOCl_2 \quad (5\text{-}43)$$

また，次式の反応によっても合成することができる。原料の混合物を150℃～200℃で真空封入し，400℃で6時間加熱することで得られる。

$$3UX_4 + Sb_2O_3 \rightarrow 3UOX_2 + 2SbX_3 (X = Cl,\ Br) \quad (5\text{-}44)$$

近年，U_3O_8 と四塩化炭素を用いて，メカニカルアロイングにより合成されることが報告された [9]。

$$2U_3O_8 + 3CCl_4 \rightarrow 6UOCl_2 + 3CO_2 + 2O_2 \quad (5\text{-}45)$$

$UOBr_2$ は，はじめ UBr_4 の蒸留残渣の中に黄色固体として確認された。そののち，上記（5-35）の反応やオキシ硫化物と臭素を600℃で加熱し，UBr_4 および S_2Br_2 が十分留去されるまで反応させることにより合成される。緑色の結晶が得られる。

$$2UOS + 3Br_2 = 2UOBr_2 + S_2Br_2 \quad (5\text{-}46)$$

UOI_2は，上記の塩化物，臭化物と同様の方法では合成できないことが知られている。金属ウランとU_3O_8に10%過剰量のヨウ素を混合し，アルゴン雰囲気下450℃で5日間加熱することで合成され，赤褐色の結晶を得る。

$$5U + U_3O_8 + 8I_2 = 8UOI_2 \qquad (5\text{-}47)$$

化学的性質は以下のようである。$UOCl_2$は，四塩化炭素と170℃で反応し，UCl_4を与える。また，水に溶解して淡緑色の溶液を与える。硝酸には溶解するが，ニトロメタン，アセトン，トリブチルリン酸，ジブチルリン酸，ジエチルエーテル，ピリジン，アセトニトリル，ジクロロメタン，ベンゼンなど有機溶媒に不溶である。

$UOBr_2$は，不揮発性で，空気中で不安定である。600℃以上に熱すると，UO_2とUBr_4に分解する。水に溶解して淡緑色の溶液を与えるが，徐々に黒い沈殿（UO_2）が生じる。

UOI_2は，潮解性で，水に溶解して淡緑色の溶液を与える。常温で空気中ゆっくりと分解する。ヨウ素雰囲気化で保存する。

(3) 五価のオキシハロゲン化物（UO_2X，UOX_3）

五価のオキシハロゲン化物には，その組成において二つのタイプのものがある。五価のオキシフッ化物は合成されておらず，オキシヨウ化物に関しては，2000年代になって，錯体化学的な合成方法によって合成された。

$UOCl_3$は，UCl_4とUO_2Cl_2（後述）を1∶1で混合し，370℃に加熱することで茶色の固体として合成できる。水分に不安定で，アセトン，アルコール，水に溶解するが分解する。四塩化炭素，ベンゼンに不溶である。アルゴン雰囲気下もしくは真空下で700℃に加熱するとUCl_5，UCl_4，UO_2とUO_3Cl_3に分解する。

$UOBr_3$は，三酸化ウランと四臭化炭素を窒素気流下で110℃に加熱することで合成可能である。水分に不安定で，不活性雰囲気化で取り扱う必要がある。熱的に不安定で，室温で臭素を遊離し分解する。窒素気流下

200℃～300℃で $UOBr_2$ に，酸素気流下148℃で UO_2Br_2 に変化する。また，四臭化炭素と165℃で反応して UBr_4 に変化する。クロロホルム，ブロモホルム，アセトン，エタノール，酢酸エチル，ジオキサンなどに溶解するが，ジオキサンや水中では不均化反応を起こし，四価と六価の化学種に変化する。四塩化炭素，二硫化炭素には不溶である。

尚，UOI_3 は，これまでのところ合成されていない。

UO_2Cl は，UO_2 と UO_2Cl_2 を1：1で混合し，真空中590℃で加熱することで，紫がかった褐色の固体として得られる。空気中で不安定で，水分との接触で分解する。N，N－ジメチルホルムアミド，テトラヒドロフラン，ジオキサン，アセトン，アルコール類，炭化水素系溶媒に不溶である。

UO_2Br は，三酸化ウランを窒素－HBr気流下250℃に加熱することで黒褐色の個体として得られる。UO_2Br_2 を窒素気流下で320℃に加熱することでも得られる。熱的に不安定で窒素気流下でも400℃－500℃で UO_2 と臭素に分解する。

UO_2I は，$UO_2I_2(THF)_3$（後述）をシュレンク管中で脱水脱酸素したテトラヒドロフラン溶媒に溶かし，当量の TlC_5H_5 を加え，室温で15時間撹拌する。TlIの黄色沈殿を濾過したのち濾液を濃縮し，ペンタンを加えることで，褐色の固体として得られる。組成は，純粋な UO_2I ではなく，THFが2.7当量配位した化合物として単離される。

(4)　六価のオキシハロゲン化物（UO_2X_2）

UO_2F_2 は，かなり古くから数多く研究されており，1824年に U_3O_8 とフッ化水素酸を反応させて，アモルファス化合物を得た報告例にまでさかのぼることができる。この状態では，Ⅳ価とⅥ価が混合しており，UO_2F_2 とともに UF_4 も生成する。予め U_3O_8 を硝酸に溶解後，HF酸を添加，乾燥すると，UO_2F_2 のみ得る。

$$U_3O_8 + 8HF = UF_4 + 2UO_2F_2 + 4H_2O \qquad (5\text{-}48)$$

その後，様々な合成法が編み出されたが，最も簡便な方法は，5.1節で述べたようにUO_3とフッ化水素を350℃－500℃で反応させる方法である。

$$UO_3 + 2HF = UO_2F_2 + H_2O \quad (5\text{-}49)$$

また，UO_3や$UO_4 \cdot 2H_2O$とフッ化水素酸を反応させることでも，2水和物として得ることができる。UO_2F_2は，水，メタノール，エタノールに溶ける。

UO_2Cl_2は，研究例の多いオキシハロゲン化物で，水和物も比較的安定である。合成法も様々な方法が知られているが，ここでは，代表的な方法を挙げておく。UCl_4を酸素気流下300℃－350℃に加熱することで得られるが，400℃以上で熱分解が始まるため，温度制御が重要である。無水物の固体は，橙色で潮解性がある。水，アルコール類，酢酸エチル，酢酸メチル，ジオキサン，ピリジンなどによく溶ける。これらの性質を利用し，様々な錯体の合成に利用される。

UO_2Br_2は，UBr_4を酸素気流下で150℃－160℃に加熱して得られる。この際，温度制御が重要で，185℃以上でU_3O_8が生成し，140℃以下では，反応は著しく遅い。明赤色の固体が得られる。UO_2Br_2は，熱的に不安定で室温でも臭素を遊離し，250℃に加熱すると即座に分解する。また潮解性が高く，水，ジエチルエーテル，エタノールなど極性溶媒に易溶である。

UO_2I_2は，長らくその合成には疑問が呈されてきたが，2000年代に入り，錯体化学的な合成法により合成に成功した。六価のトリフルオロメタン酸塩$UO_2(OTf)_2$にヨウ化トリメチルシランを20℃で48時間撹拌し，ペンタンを加えることで薄い褐色の沈殿を得る。

$$UO_2(OTf)_2 + 2Me_3SiI = UO_2I_2 + 2Me_3SiOTf \quad (5\text{-}50)$$

トルエンには，不溶で，ジエチルエーテル，ピリジン，THFには溶解しオレンジから赤色の溶液を与える。

[参考文献]

[1] The Chemistry of Uranium, Part 1, The Element, Its Binary and Related Compounds, Joseph J. Katz and Eugene Rabinowitch, McGraw-Hill Book Company, Inc. 1951
[2] Lanthanide and Actinide Chemistry, Simon Cotton, John Wiley and Sons Ltd. 2006
[3] J. C. Taylor, Systematic Features in the Structural Chemistry of the Uranium Halides, Oxyhalides and Related Transition Metal and Lanthanide Halides, Coord. Chem. Rev. 20, 197-273 (1976)
[4] "The Chemistry of Uranium Including Its Applications in Nuclear Technology", E. H. P. Cordfunke, Elsevier Publishing Company, (1969)
[5] 原子力工学シリーズ第2巻「原子炉燃料」，菅野昌義，東京大学出版会，(1981)
[6] G. Strickland,　F. L. Horn, US　AECReport, BNL10114, (1967)
[7] S. S. Rudel and F. Kraus, Dalton Transactions, 46, (1017), 5835-5842.
[8] 熱力学データベース Malt for Windows，科学技術社，(2004)

第6章　13族および14族元素化合物

ホウ素（B）は周期表第13族に属し，また，第14族元素には炭素（C）ケイ素（Si），ゲルマニウム（Ge），スズ（Sn），鉛（Pb）がある。

6.1　ホウ化物 [1-5]

ウランホウ化物にはUB_2，UB_4，UB_{12}があり，高融点や高密度であるとともに，熱電導度は酸化物より金属に近く，特異な伝導物質や高温材料として研究されてきた。

(1) 合成法

ホウ化物は化学量論比の金属ウラン微粉およびホウ素粉末をモリブデン製容器にて入れ，不活性雰囲気において反応させることにより合成できる(6-1)。ここでウラン金属微粉はUH_3の熱分解により得るものを使用するので，水素化物を経由するホウ素との反応になる。1000 ～ 1250℃にて反応が始まり，1400 ～ 2000℃において反応が終わる。微量酸素によるUO_2が不純物として残留する。UF_4はMgB_2O_4 － MgO 溶融塩中に，U_3O_8を溶解し，電解により，UB_4を得る。また，UF_4とホウ素との1000～1700℃における直接反応によってもUB_4を生成する。((6-2) 式)。1600℃以上では，UB_2を含まないUB_4を生成する。

フッ化物の代わりに塩化物を用いると低温でUB_4を合成できる [6]。UCl_4とMgB_2と真空封管中850℃にて，1日反応後，水洗により$MgCl_2$を除去して，UB_4を得る（6-3）。さらに，（6-4）式のように2000℃におけるUO_2とBとの直接反応によってもUB_4が得られる。この際，黒鉛るつぼを使用すると，10 wt% 程度の炭素が混入するが，電子ビーム溶解炉の場合には，純UB_4が得られる。また，（6-5）式のようにUOSからBによる酸化還元を利用して，種々のU化合物から法化物を合成する方法もある [7]。

$$U + 2B \rightarrow UB_2 \qquad (6\text{-}1)$$

表 6.1　ホウ化物の性質

化合物	色	結晶系	格子定数（Å）		融点（℃）	密度 (g/cm^3)
			a	c		
UB_2	金属光沢	六方	3.1293	3.9893	2240	12.8
UB_4	金属光沢	正方	7.075	3.979	2495	9.32
UB_{12}	薄灰色	面心立方	4.4773		2235	5.65

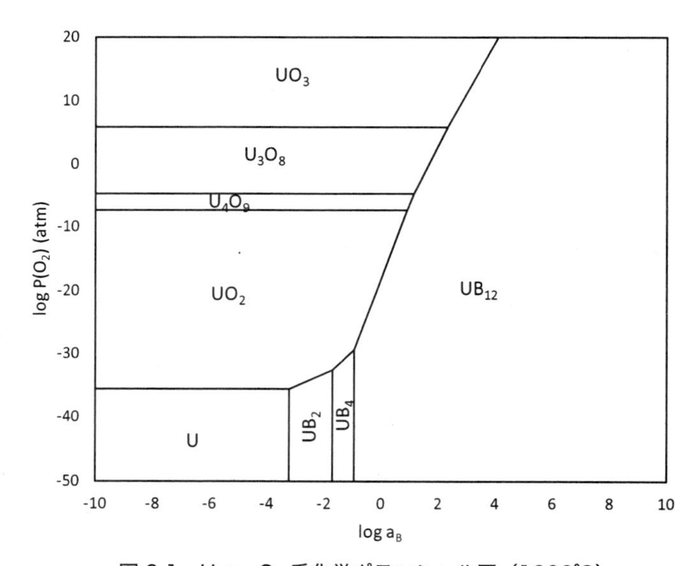

図 6.1　U-a_B-O_2 系化学ポテンシャル図（1000℃）

$$3UF_4 + 16B \rightarrow 3UB_4 + 4BF_3 \quad (6\text{-}2)$$

$$3UCl_4 + 1/2MgB_2 \rightarrow 3UB_4 + 2MgCl_2 \quad (6\text{-}3)$$

$$UO_2 + 6B \rightarrow UB_4 + (BO)_2(g) \quad (6\text{-}4)$$

$$UOS + 38B \rightarrow 3UB_{12} + B_2O_3 + 3S \quad (6\text{-}5)$$

(2) 物理的性質

U ホウ化物は UB ～ UB_{12} まで 3 つの化合物があり，それらの結晶構造や融点，密度を表 6.1 に示す。UB_2，UB_4，UB_{12} はいずれも高融点であり，酸化物より密度が高い。2-3at%B付近に金属UおよびUB$_2$の共晶点(1108℃)がある。α－UC$_2$は1800℃以上でβ－UC$_2$に相変化する。電気伝導度や熱伝導度は酸化物より金属に近い。

図6.1には熱力学計算ソフト「MALT for Windows」にて作成した，1000℃におけるU-a$_B$-O$_2$系化学ポテンシャル図を示す。この図では，ウランホウ化物として，UB$_2$，UB$_4$，UB$_{12}$が存在することが分かる。また，酸化物とホウ化物の境界にはオキシホウ化物はみられない。

(3) 化学的性質

Uホウ化物は，炭化物よりも反応性が低いUB$_2$は低温より徐々に酸化されるが，窒素中では1000℃まで反応しない。このことはUB$_4$が定比組成のUO$_2$と同等であることを示すが，UB$_2$中に介在するUO$_2$の過剰酸素とは容易に反応し，(BO)$_2$を生成する。UB$_{12}$と熱濃硫酸との反応は非常に遅いが，UB$_4$との反応は速い。また，UB$_4$は沸騰したHFや塩酸に溶解するが，UB$_{12}$は溶解し難い，この差を利用した両者の分離ができる。UB$_4$もUB$_{12}$も硝酸－H$_2$O$_2$には容易に溶解する。

6.2　炭化物 [1-5]

ウラン炭化物にはUC，U$_2$C$_3$，UC$_2$があり，高融点や高密度であるとともに，熱電導度は酸化物より金属に近く，高温ガス炉等の燃料として研究されてきた。

(1) 合成法

炭化物の合成法には1）金属とCとの反応，2）水素化物を経する炭化水素との反応，3）酸化物の炭化反応がある。1）について金属U粉末と炭素粉末とを所定組成になるように混合し，プレス成型後，真空加熱して得る。例えば，UCの場合，U: C = 1:1となる混合物を真空中900 － 1000℃に加熱する。この後，粉砕して再度プレス成型して，高温で焼結して高密度UCを得る。混合物を予備焼結後，アーク溶融により生成する方法もある。2）は（6-2）式のように金属U粉末をメタンやプロパン等炭化水素ガスと600 － 800℃で反応させてUCを得る方法で，実験室で行う方法として適する。ここでは，2.1節（b）の金属粉末製造法にあるように，水素化物の熱分解により生成した粉末を用いてUC粉末を得る。Uとメタンとの反応では，650℃でUCを生成し，950℃ではUC_2を得る。さらに，UCとUC_2混合物を1300～1500℃にて加熱処理することにより，U_2C_3を得る。

$$U + nC \rightarrow UC_n \ (N = 1 - 2) \tag{6-6}$$

$$U + CH_4 \rightarrow UC + 2H_2 \tag{6-7}$$

$$UC + UC_2 \rightarrow U_2C_3 \tag{6-8}$$

3）の炭化法は工業的な製造法として用いられる。UO_2とC粉末との混合物をペレット成型後，高温（～1700℃）においてCと反応させて，UCを製造する。生成するCOを真空排気して，CO分圧を下げ，反応を進める。不純物酸素が残留するので，生成したUCを粉砕し，再度プレス成型して高温にて反応させ，高純度UCを得る。

$$UO_2 + 3C \rightarrow UC + 2CO \tag{6-9}$$

酸素量を低減するために，ハロゲン化物（UX_4X = Cl，F）や硫化物からの炭化物の合成法も提案された。吸湿性や金属製造，濃縮の観点から（6-10）式のようにフッ化物の方が有利であるが，生成したUC中の残留FやClによる被覆材料等の腐食が課題となる。

$$UF_4 + SiC \rightarrow UC + SiF_4 \tag{6-10}$$

$$3UF_4 + 4Al + 3C \rightarrow 3UC + 4AlF_3 \tag{6-11}$$

$$2UCl_3 + 3CaC_2 \rightarrow 2UC + 3CaCl_2 \tag{6-12}$$

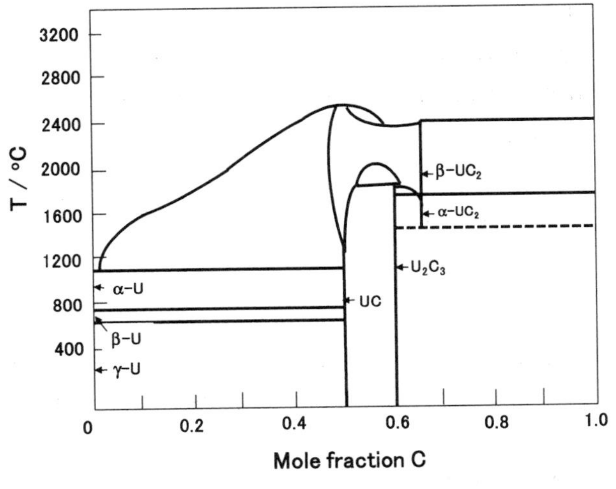

図6.2　U－C系状態図［9］

表6.2　U炭化物の性質

化合物	色	結晶系	格子定数（Å）		融点（°C）	密度 (g/cm³)
			a	c		
UC	灰黒	面心立方	4.9605		2,525	13.63
U_2C_3	黒	体心立方	8.088		1,765	12.88
$\alpha-UC_2$	薄灰色	体心正方	3.524	5.9962		11.68
$\beta-UC_2$	薄灰色	面心立方	5.488		2,480	

(2) 物理的性質

U－C系状態図を図6.2に示す［9］。炭化物はUC～UC_2まで3つの化合物があり，UCは室温から融点（2490°C）まで安定に存在する。UC_2は高温において存在し，低温ではU_2C_3と炭素に分解する。それらの結晶構造や融点，密度を表6.2に示す。UC，U_2C_3，UC_2いずれも高融点であり，酸化物より密度が高い。$\alpha-UC_2$は1800°C以上で$\beta-UC_2$に相変化する。電気伝導度や熱伝導度は酸化物より金属に近く，UCや炭素中に分散させたUC_2などが高温ガス炉等の燃料として研究されている。

(3) 化学的性質

U 炭化物は反応性が高く，UC_2 は UC よりも反応性が高い。水素中では，UC と炭化水素を生成する。UC は水と 60℃以上で反応して U 酸化物と CH_4 を生成する。

$$UC_2 + 2H_2 \rightarrow UC + CH_4 \quad (6\text{-}13)$$

$$UC + 2H_2O \rightarrow UO_2 + CH_4 \quad (6\text{-}14)$$

酸素との反応では，U 酸化物と CO_2 を生成する。150℃以下，低酸素分圧下では，次式のように UO_{2+x} を生成し，また，400℃以上では U_3O_8 となる。

$$UC + \frac{2+x}{2}O_2 \rightarrow UO_{2+x} + CO_2 \quad (6\text{-}15)$$

$$3UC + 7O_2 \rightarrow U_3O_8 + 3CO_2 \quad (6\text{-}16)$$

窒素雰囲気中では，窒化物を生成する。

$$4UC + 3N_2 \rightarrow 2U_2N_3 + 4C \quad (6\text{-}17)$$

6.3　ケイ化物

U ケイ化物は U_3Si から USi_3 まで 7 つ報告されており，それらの結晶系や融点，密度を表 6.3 に示す。U_3Si，U_3Si_2，USi，USi_2，USi_3 があるが，高密度や耐食性の点から U_3Si が酸化物に代わるセラミック燃料として研究されてきた。U_3Si（δ 相）は化学量論組成となるように金属 U と U_3Si_2 を 800℃にて長時間加熱して得る。また，U_3Si 棒を得るには，所定の比の金属 U と Si の混合物を真空中誘導加熱により溶解し，U_3Si_2 と溶融 U の混合状態として棒状容器に鋳込む。その後，熱処理により U_3Si 相へ変化させる。

$$3U + U_3Si_2 \rightarrow 2U_3Si \quad (6\text{-}18)$$

表6.3　ウランケイ化物の性質

化合物	色	結晶系	格子定数（Å）		融点（°C）	密度 (g/cm^3)
			a	c		
$U_3Si(\delta)$	正方	6.030		8.696	tr.765	15.58
$U_3Si(\delta)$	立方	4.346			dec.930	
$U_3Si_2(\varepsilon)$	正方	7.330		3.900	1665	12.2
$USi(\zeta)$	斜方	5.66	7.66	3.91	dec.1575	10.4
$U_2Si_3(\eta)$	六方	3.85	4.06		dec.1610	9.25
$\alpha-USi_2(\theta)$	正方	3.97		13.71	1700	8.98
$USi_3(\iota)$	立方	4.03			dec.1510	8.15

6.4　その他の13族および14族元素化合物

その他の13族および14族元素とUとの化合物については，第2章表2.1に金属間化合物を生成するものとして分類される。表6.4，表6.5にそれらの金属間化合物を示すが，結晶構造や，密度が分かってているものの，性質についての情報は限られている。

表6.4　Uとアルミニウムおよびガリウムとの化合物

M/U	1	2	3	4
Al	UAl	UAl_2	UAl_3	UAl_4
Ga	UGa	UGa_2	UGa_3	

表6.5　Uとゲルマニウムおよびスズ，鉛との化合物

M/U	0.14	0.6	0.8	1	2	2.67	3
Ge	U_7Ge	U_5Ge_3	U_5Ge_4	UGe, U_3Ge_3	UGe_2		UGe_3
Sn				USn		U_3Sn_5	USn_3
Pb				UPb			UPb_3

[参考文献]

[1] 無機化学講座第17巻「放射性元素」, 17-1ウラン, 奥野久輝, 木越邦彦, 中西正城丸著, 丸善, (1953)

[2] 原子力工学シリーズ第2巻「原子炉燃料」, 菅野昌義著, 東京大学出版会, (1976)

[3] "The Chemistry of Uranium Including Its Applications in Nuclear Technology", E. H. P. Cordfunke, Elsevier Publishing Company, (1969)

[4] "Handbook of Extractive Metallurgy", Vol.III, Part 9, Radioactive Metals, Chap. 41 Uranium, Fathi Habashi, Wiley-VCH, (1997)

[5] "The Chemistry of the Actinide Elements", Vol.1, Chap. 5, Uranium, Fritz Weigel, (Eds., J.J. Katz, G.T. Seaborg, L. R. Morss), Chapman and Hall, (1986)

[6] A. J. Lupinetti, J. L. Fife, E. Garcia, P. K. Dorthout, K. D. Abney, Inorg. Chem., 41, (2002), 2316-2318.

[7] M. Komac, "Reactions of uranium oxysulfide with some nonmetals and metals", Soviet Powder Metal. Metal Ceram., 10, (1976), 811-803.

[8] R. A. Day, Jr, R. M. Powers, J. Am. Chem. Soc., 76, (1954), 3895.

[9] P. Y. Chevalier, E. Fischer, J. Nucl. Mat., 288, 100-129, (2001)

第7章　15族元素化合物

周期表第15族元素には窒素（N）リン（P），ヒ素（As），アンチモン（Sb），ビスマス（Bi）があり，これらの化合物をニクタイド（Pnictide）と称する。

7.1　窒化物

(1) 合成方法

高速炉用燃料として金属および窒化物燃料がある。金属製造については本節（c）の活性金属還元においてのべているので，窒化物燃料の製造ついて述べる。窒化物の合成法には，①金属とN_2との反応，②水素化物とN_2との反応，③酸化物の炭窒化反応がある。①について金属UはN_2ガスと400℃以上で反応し，主に，セスキ窒化物U_2N_3を生成する。U_2N_3は1200℃以上の高温では分解し，UNとなる。②では（7-2）および（7-3）式のように，800℃でU_2N_3を生成し，熱分解によりUNを得る。また，高圧N_2雰囲気におけるU金属のアーク溶解により，直接UNを合成できる。

$$4U + 3N_2 \rightarrow 2U_2N_3 \tag{7-1}$$

$$2UH_3 + 3N_2 \rightarrow 2U_2N_3 + 3H_2 \tag{7-2}$$

$$2U_2N_3 \rightarrow 4UN + N_2 \tag{7-3}$$

③の炭窒化法は工業的な製造法として用いられる。これは，UO_2を炭素共存下，高温（～1700℃）においてN_2と反応させて，UNを製造する。酸化物を出発物質としているので，UN中の不純物酸素を完全に除去するのは難しく，①の方法により金属Uから製造したUNより酸素量が多い。

$$2UO_2 + 4C + N_2 \rightarrow 2UN + 4CO \tag{7-4}$$

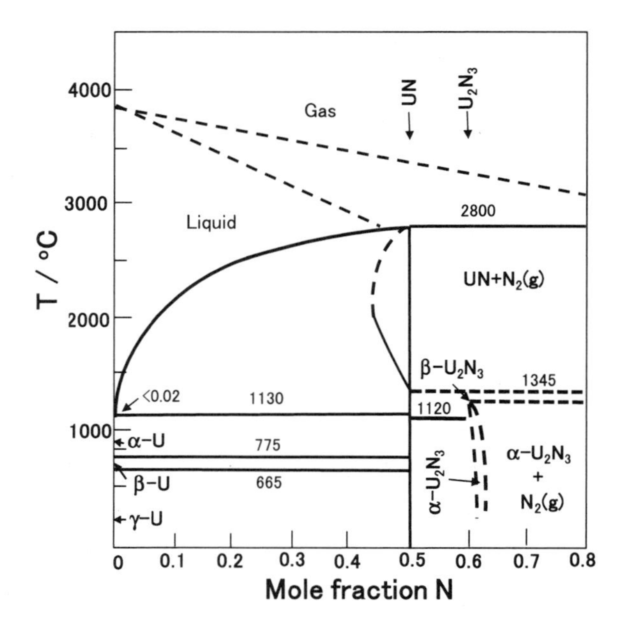

図 7.1　U-N 系状態図［9］

酸素量を低減するために，酸素を含まない化合物からの窒化物の合成法もある。ここでは，金属による脱ハロゲン化と，生成する金属ハロゲン化物の揮発分離を利用する。具体的にフッ化物を経由する場合には，次式のような反応となる。1000℃以上での反応が望ましく，この温度以下で反応させると，UNF のような中間化合物を生成する。UNF は高温で分解して，UN となる。

$$4UF_4 + 4Si + 3N_2 \rightarrow 2U_2N_3 + 4SiF_4 \tag{7-5}$$

$$4UF_4 + 3Si + 2N_2 \rightarrow 4UNF + 3SiF_4 \tag{7-6}$$

$$2UNF \rightarrow 2UN + F_2 \tag{7-7}$$

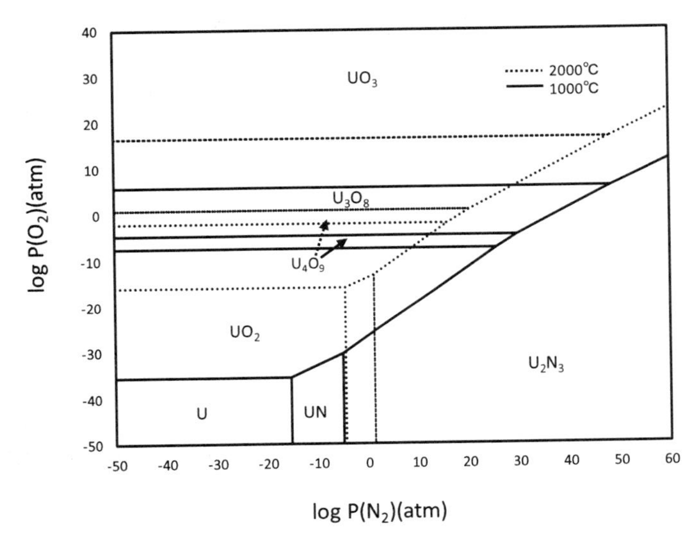

図 7.2　U-N_2-O_2 系化学ポテンシャル図（1000℃）

(2) 物理的性質

U-N 系状態図を図 7.1 に示す [9]。窒化物は一窒化物 UN，セスキ窒化物 U_2N_3 が存在する。UN は 2800℃と融解する。U_2N_3 は 1300℃付近で α 相から β 相へ変態し，UN と窒素に分解する。

次に，1000℃および 2000℃における U-N_2-O_2 系化学ポテンシャル図を図 7.2 に示す。ここでは，UN および U_2N_3 が 2000℃においても安定に存在している。また，酸化物との間には境界があり，オキシ窒化物のよう化合物は存在しない。

次に，ウラン窒化物の性質を表 7.1 に示す。

表 7.1　ウラン窒化物の性質

化合物	色	結晶系	格子定数（Å）		融点（℃）	密度 (g/cm^3)
			a	c		
UN	金属光沢	面心立方	4.889		4	14.32
$\alpha-U_2N_3$	〃	体心立方	10.678		16	11.24
$\beta-U_2N_3$	〃	六方	3.700	5.825		12.45
UN_2		面心立方	5.310			11.73

(3) 化学的性質

UN は真空中で 1,750℃くらいまでは安定である。乾燥空気中では，UN 粉末は 150 ～ 200℃にて酸化され，N_2 と U_3O_8 となる。UN 微粉は室温でも酸化され，発火するので，不活性雰囲気での取扱を要する。

$$6UN + 8O_2 \rightarrow 2U_3O_8 + 3N_2 \tag{7-8}$$

湿った空気中では以下のように反応し，アンモニアを生じる。

$$2UN + 4H_2O \rightarrow 2UO_2 + 2NH_3 + H_2 \tag{7-9}$$

緻密な定比組成のUNは，UCとは異なり，300℃までは水に対して安定である。UN は硝酸には迅速に溶解するが，熱した塩酸や硫酸あるいは NaOH 溶液には侵されない。しかし，溶融アルカリにには容易に反応する。U_2N_3 はアンモニアのクラッキング反応用触媒として利用された。ウラニルアマイド（$UO_2(NH_2)_2$）は，$KUO_2(NO_3)_2$ と KNH_2 との反応により液体 N_2 中で合成する。このアマイドは水分と反応して ADU（重ウラン酸アンモニウム）を生成する。

7.2　リン化物とヒ化物

ウランのリン化物には，UP や U_3P_4，UP_2 がある。合成法は，まず金属

表7.2　リン化物およびヒ化物の性質

化合物	色	結晶系	格子定数（Å）		融点（°C）	密度 (g/cm^3)
			a	c		
UP	金属光沢	面心立方	5.589		2610	10.23
UP	〃	斜方	7.583	9.433		11.41
U_3P_4	〃	体心立方	8.207			
UP_2	灰色	正方	3.808	7.780		11.73
UAs	金属光沢	面心立方	5.7788		2705	10.77
U_3As_4	〃	体心立方	8.507			
UAs_2	〃	正方	3.954	8.116		11.73

Uとリン（I）の直接反応がある。

$$U + 2P \rightarrow UP_2 \tag{7-10}$$

次には水素化物と水素化物との反応がある。フォスフィン（PH_3）やアルシン（AsH_3）を用いた場合は以下のようになる。

$$UH_3 + PH_3 \rightarrow UP + 3H_2 \tag{7-11}$$

リン化物およびヒ化物の性質を表7.2に示す。

7.3　その他の15族元素化合物

ウランとアンチモンおよびビスマスとの化合物は，それぞれの元素単体との反応や，アルカリ金属化合物との反応により合成する。

$$U + Sb \rightarrow USb \tag{7-12}$$

$$U + 2Li_3Bi \rightarrow UBi_2 + 6Li \tag{7-13}$$

ここではSb，Biの化合物を表7.3に示す。

表 7.3　アンチモンおよびビスマス化合物の性質

化合物	色	結晶系	格子定数（Å）		融点（℃）	密度 (g/cm^3)
			a	c		
U_5Sb_4	金属光沢	六方	9.237	6.211	2610	12.14
USb	〃	面心立方	6.203		1850	
U_3Sb_4	〃	体心立方	9.113		1695	10.84
USb_2	〃	正方	4.272	8.759	1335	10.04
α－UBi	金属光沢	体心立方	6.364			11.52
β－UBi		面心立方	11.12	10.55		13.6
U_3Bi_4	〃	体心立方	9.350			12.57
UBi_2	〃	正方	4.445	8.908		12.38

[参考文献]

[1] 無機化学講座第17巻「放射性元素」, 17-1ウラン, 奥野久輝, 木越邦彦, 中西正城丸著, 丸善, (1953)

[2] 原子炉工学講座第4巻「燃・材料」, 第IX編　原子炉燃料, 武谷清昭, 栗原正義, 菊池武雄, 古川和男, 青地哲男, 下川純一著, 培風館, (1972)

[3] 原子力工学シリーズ第2巻「原子炉燃料」, 菅野昌義著, 東京大学出版会, (1976)

[4] 原子力工学シリーズ第3巻「原子炉化学」(上), 内藤奎爾著, 東京大学出版会, (1978)

[5] 講座・現代の金属学　材料編8「原子力材料」, 第4章　核燃料, 古屋広高著, 日本金属学会, (1989)

[6] "The Chemistry of Uranium Including Its Applications in Nuclear Technology", E. H. P. Cordfunke, Elsevier Publishing Company, (1969)

[7] "Handbook of Extractive Metallurgy", Vol. III , Part 9, Radioactive Metals, Chap. 41 Uranium, Fathi Habashi, Wiley-VCH, (1997)

[8] "The Chemistry of the Actinide Elements", Vol.1, Chap. 5, Uranium, Fritz Weigel, (Eds., J.J. Katz, G.T. Seaborg, L. R. Morss), Chapman and Hall, (1986)

[9] P. E. Evans, T. J. Davies, J. Nucl. Mater., 10, 43-55, (1963)

第8章　カルコゲン化合物

8.1　硫化物

周期表第16族元素には酸素，硫黄，セレン，テルルがあるが，酸素以外をカルコゲンと呼び，これらの化合物をカルコゲナイド（カルコゲン化合物）と称する。

(1) 合成法

硫化物を合成する場合の硫化剤には固体硫黄，硫化水素（H_2S），二硫化炭素（CS_2）があり，ウランとは以下のように反応する。

$$U + xS = US_x \tag{8-1}$$

$$UCl_4 + 2H_2S = US_2 + 4HCl \tag{8-2}$$

$$UO_2 + CS_2 = US_2 + CO_2 \tag{8-3}$$

(1) は金属ウランと固体硫黄とを石英管中に真空封入し，800 ～ 900℃に数日間加熱して生成する方法で，U/S 比を制御することにより，U_2S_3 や US_2，US_3 など所定の S/U 比をもつ硫化物を得る。(2) は H_2S により UCl_4 から HCl を分離し，US_2 を生成する方法である。UCl_4 の揮発が 450℃以上で顕著になるので，低温加熱により UCl_4 の揮発損失を抑制するとともに，反応後では生成した US_2 中に残留している UCl_4 を高温加熱により除去することが必要である。(3) の方法は安定な UO_2 から炭素還元により酸素を分離し，硫黄を反応させて硫化物を生成する方法で，反応温度によりオキシ硫化物や異なる U/S 比の硫化物が生成する。

UO_2 を H_2S 気流中で 1000℃に加熱すると，酸素を一部置換した UOS を生成し，それ以上の硫化は進まないので，UOS 単相を得るのには良い方法である。

$$UO_2 + H_2S = UOS + H_2O \tag{8-4}$$

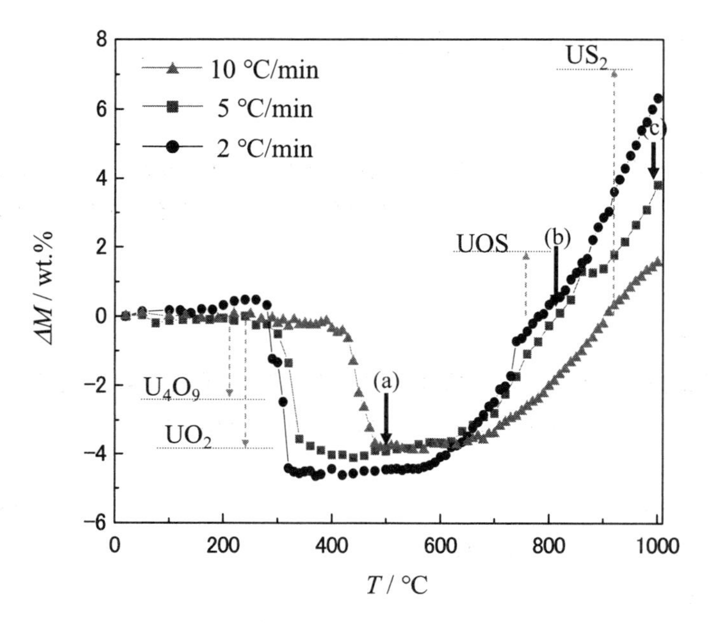

図 8.1　CS_2 雰囲気における UO_2SO_4 の熱重量分析結果

また，UO_2SO_4 を出発物質として，H_2 および H_2S，CS_2 と 1000℃にて反応させて硫化反応を比較すると［2］，H_2 では UO_2 の生成にとどまり，H_2S を用いると UOS 単相が得られ，さらに CS_2 の場合には UOS と US_2 の混合物が生成する。さらに，硫化ウラニル（UO_2S）が常温では存在するが，硫シアン化カリ（KSCN）と U_3O_8 および硫黄とを 12：3：5 の比で混合，加熱して得るか，あるいは（8-5）式のように，ウラニル溶液中に硫化アンモニウムを添加して得る。

$$UO_2^{2+} + (HH_4)_2S + SO_4^{2-} = UO_2S + (NH_4)_2SO_4 \quad (8\text{-}5)$$

図8.1 には，CS_2雰囲気における UO_2SO_4 の熱重量分析結果を示す。昇温速度が 2, 5，10℃ /min の場合の TG曲線をそれぞれ-●-, -■-, -▲-で示して

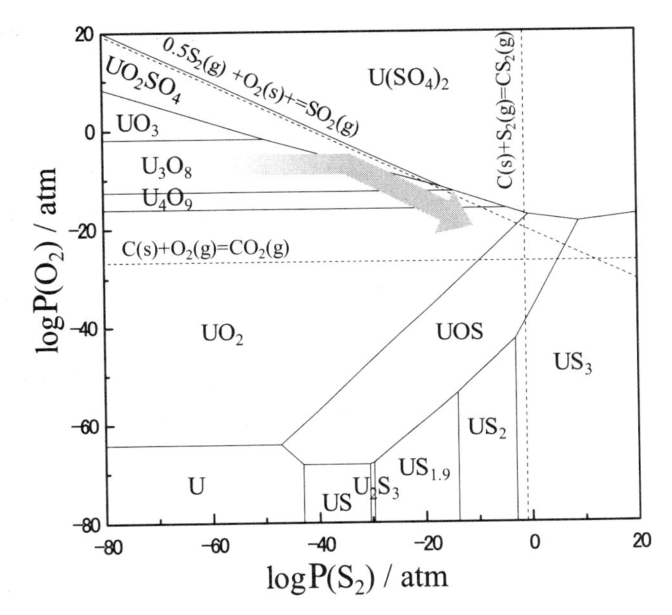

図8.2　U－S_2－O_2系化学ポテンシャル図（500℃）

ある。10℃ /min の場合，500℃付近より重量減少が始まり，UO_2生成まで達する。その後緩やかな重量増加となり，800℃付近でUOS生成を経てUS_2生成の重量増加がみられる。(a)，および(b)，(c)における生成物はそれぞれ，UO_2，UO_2+UOS，UOS+US_2であり，温度上昇とともに硫化が進むことがわかる。他の昇温速度においても同様の挙動が見られ，このことから，UO_2SO_4→UO_2→UOS→US_2のような硫化挙動を示すことがわかる。

このように目的とする硫化物やオキシ硫化物の合成には硫化剤の種類と反応条件を検討することが必要である。

(2) U-S_2-O_2系の熱力学

ウラン硫化物の反応性や安定性を調べるためには化学ポテンシャル図が

有用である。図8.2には熱力学計算ソフトMalt2 for Windows［10］を用いて作成した，500℃における$U-S_2-O_2$系化学ポテンシャル図を示す。横軸および縦軸はそれぞれ，硫黄（log P (S_2)）および酸素ポテンシャル（log P (O_2)）を示す。また，図中には500℃におけるCS_2，CO_2およびSO_2の分解によるlog P (S_2) 及びlog P (O_2) を点線で示してある。log P (S_2) 及びlog P (O_2) が極めて低い場合には金属ウランが安定であり，金属のとなりにUSおよびUO_2が存在する。log P (S_2) の増加とともにU_2S_3，$US_{1.9}$，US_2，US_3を生成する。$US_{1.9}$はUS_2（α−US_2，正方晶）の硫黄欠損により六方晶構造へ変化したγ−US_2である。一方，酸化物については，log P (O_2) の増加とともにUO_2からU_4O_9，U_3O_8，UO_3が存在する。硫黄および酸素を含む化合物として，オキシサルファイド（oxysulfide，UOS），硫酸ウラニル（UO_2SO_4）や硫酸ウラン（U (SO_4) 2）が存在し，ウランの価数はそれぞれ（VI）と（IV）である。U_3O_8をCS_2で硫化する場合，図中矢印で示すように反応が進行する。U_3O_8の領域からlog P (S_2) が増加するように右側へ進み，UO_2SO_4の領域に入ると，SO_2の分解直線に沿ってlog P (S_2) とlog P (O_2) が下がり，UO_2の領域に入る。UO_2を経てUOSを生成後，P (S_2) = 1 atmの線に沿ってlog P (O_2) が低下し，多硫化物を生成する。この反応経路は，図8.1に示した硫化のTG-DTA結果とよく一致しており，このようなポテンシャル状態図で反応を解析・予想できる。

(3) 物理的性質

図8.3にはU − S系状態図を示す。図8.2のポテンシャル状態図に現れたUS，U_2S_3，US_2，US_3の他U_3S_5がある。USが不定比性をもち，ハイポおよびハイパー組成の$US_{1\pm x}$として存在する。US_2はハイポ組成のα−US_{2-x}があり，$US_{1.9}$が対応する。USの融点が最も高く，2462℃である。US_3は900℃付近でUS_2と硫黄に分解する。

次にウラン硫化物の性質を表8.1にまとめた。USは結晶構造が立方晶で密度もUO_2やUNと同様に高く，高温まで安定である。硫化物は揮発性はなく，U_2S_3やUS_2，US_3は高温になると，熱分解により低級な硫化物になる。

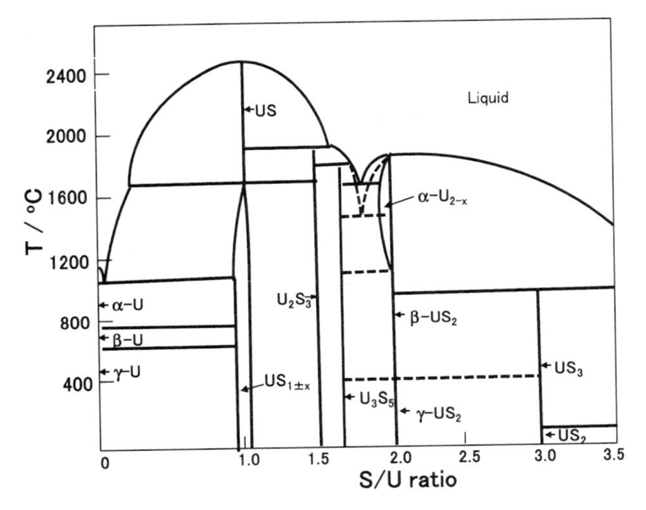

図 8.3　U － S 系状態図［6］

表 8.1　ウラン硫化物の性質

化合物	色	結晶構造	密度	分解（℃）
US	銀黒色	立方晶	10.87	2,462(mp)
U_2S_3	黒灰色	斜方晶	8.94	1,950
U^3S_5	青黒色	斜方晶	8.16	1,800
$\alpha-US_2$	暗灰色	正方晶	7.60	～ 1,850
$\beta-US_2$	暗灰色	斜方晶	8.03	
$\gamma-US_2$	黒色	六方晶	8.13	
US_3	黒色	単斜晶	5.86	≧ 350

最終的に生成するUSは2500℃付近で熱分解し，金属ウランと硫黄になる。

(4)　化学的性質

US_2 は水蒸気と反応して UO_2 を生成する。

$$US_2 + 2H_2O = UO_2 + 2H_2S \tag{8-6}$$

硫化物を酸性溶液に入れると，容易に溶解し，硫化水素を生成する。

$$US_2 + 4HNO_3 = UO_2^{2+} + 2NO_3^- + 2NO_2 + 2H_2S \quad (8\text{-}7)$$

硫化物を空気中で加熱すると，硫黄が酸素と置換し，オキシ硫化物を生成する。続いて，UOS が酸化されて，ウラン酸化物と亜硫酸ガス SO_2 を生成する。反応温度により，低温では UO_3 が高温では U_3O_8 となる。

$$2US + O_2 = 2UOS \quad (8\text{-}8)$$

$$6UOS + 11O_2 = 2U_3O_8 + 6SO_2 \quad (8\text{-}9)$$

8.2　セレン化物とテルル化物

硫化物と同様にセレン化物（USe_x）やテルル化物（UTe_x）の種類と性質を表 8.2 に示す。硫化物に比べ，セレン化物やテルル化物になると，イオン結合性が弱くなり，種々の組成をもつ金属間化合物が多くみられる。化合物の色は基本的に黒である。

8.3　オキシカルコゲン化合物

オキシカルコゲン化合物とは，カルコゲンと酸素を含む化合物で，UOS や，UOSe，UOTe をそれぞれ，オキシ硫化物（oxysulfide），オキシセレン化物，オキシテルル化物という。例えば，UOS の場合には，図 8.2 に示すように，硫化物と酸化物の間に存在する。UOS に対し，$U(SO_4)_2$，UO_2SO_4，UO_2SO_3，UO_2S はそれぞれ，硫酸塩（uranus sulfate），オキシ硫酸塩（uranyl sulfate），亜硫酸塩（uranyl sulfite），硫化ウラニル（uranyl sulfide）と異なるので，表記には注意を要する。表8.3にはウランオキシカルコゲン化合物の性質を示した。結晶構造はいずれも正方晶を取り，硫化物，セレン化物，テルル化物の順に格子定数が大きくなる。

UOS は高温では不活性雰囲気において分解して酸化物と硫化物になる。また，空気中で加熱すると，U_3O_8 と亜硫酸ガスとなる（(8-9) 式)。

表8.2　ウランセレン化物とテルル化物

X/U	セレン化物（X = Se）			テルル化物（X = Te）		
	化合物	結晶構造	密度 (g/cm^3)	化合物	結晶構造	密度 (g/cm^3)
1.0	USe	面心	11.13	UT	面心	10.55
1.333	U_3Se_4	立方	9.97	U_3Te_4	立方	9.81
1.5	U_2Se_3	斜方	9.40	$\alpha-U_2Te_3$	立方	9.81
				$\beta-U_2Te_3$	斜方	9.06
1.667	U_3Se_5	斜方	9.14	$\alpha-U_3Te_5$	六方	−
				$\beta-U_3Te_5$	斜方	−
				$\gamma-U_3Te_5$	斜方	−
1.714	U_7Se_{12}	六方	−	U_7Se_{12}	六方	9.49
1.77				$UTe_{1.77}$	斜方	9.8
2.0	$\alpha-USe_2$	正方	9.03	α −-UTe_2	斜方	9.20
	$\beta-USe_2$	斜方	9.3	$\beta-UTe_2$	斜方	8.68
	$\gamma-USe_2$	六方	9.31			
2.5				U_2Te_5	単斜	8.5
3.0	USe_3	単斜	7.25	$\alpha-UTe_3$	単斜	7.83
				$\beta-UTe_3$	斜方	8.85
3.333				$U_{0.9}Te_3$	単斜	8.4
5.0				UTe	斜方	−

表8.3　ウランオキシカルコゲン化合物の性質

化合物	色	結晶構造	格子定数（Å）		密度 (g/cm^3)
			a	c	
UOS	黒色	正方晶	3.483	6.697	9.644
UOSe	黒色	正方晶	3.9035	6.9823	10.40
UOTe	灰黒色	正方晶	4.004	7.491	10.55
U_2O_2Te	灰黒色	正方晶	3.964	12.564	

UO_2S も UOS と同様の挙動をする。

$$2UOS = US_2 + UO_2 \tag{8-10}$$

[参考文献]

[1] 無機化学講座第17巻「放射性元素」, 17-1ウラン, 奥野久輝, 木越邦彦, 中西正城丸著, 丸善, (1953)

[2] 原子炉工学講座第4巻「燃・材料」, 第IX編　原子炉燃料, 武谷清昭, 栗原正義, 菊池武雄, 古川和男, 青地哲男, 下川純一著, 培風館, (1972)

[3] 原子力工学シリーズ第2巻「原子炉燃料」, 菅野昌義著, 東京大学出版会, (1976)

[4] 原子力工学シリーズ第3巻「原子炉化学」(上), 内藤奎爾著, 東京大学出版会, (1978)

[5] 講座・現代の金属学　材料編8「原子力材料」, 第4章　核燃料, 古屋広高著, 日本金属学会, (1989)

[6] "The Chemistry of Uranium Including Its Applications in Nuclear Technology", E. H. P. Cordfunke, Elsevier Publishing Company, (1969)

[7] "Handbook of Extractive Metallurgy", Vol. III, Part 9, Radioactive Metals, Chap. 41 Uranium, Fathi Habashi, Wiley-VCH, (1997)

[8] "The Chemistry of the Actinide Elements", Vol.1, Chap. 5, Uranium, Fritz Weigel, (Eds., J.J. Katz, G.T. Seaborg, L. R. Morss), Chapman and Hall, (1986)

[9] N. Sato, H. Masuda, M. Wakeshima, K. Yamada, T. Fujino, J. Alloys Compds, 265 (1998), 115-120.

[10] 熱力学データベース Malt for Windows, 科学技術社, (2004)

第9章　ウランイオンと溶液反応

9.1　加水分解

加水分解反応は水酸化物イオンと対象金属イオン間の反応であり，水酸化物イオンが（9-1）式で示した水の解離反応により生成する水溶液内では常に起こる反応である。(9-2）式から明らかなように，水素イオン濃度の高い酸性領域（低 pH）では金属イオンの加水分解反応は抑制され，水素イオン濃度の低い塩基性領域（高 pH）では水酸化物イオンの濃度は増加するため加水分解反応はより進行する。

$$H_2O \rightleftarrows H^+ + OH^- ;\ K_w = 10^{-14.0} \tag{9-1}$$

$$\log[OH^-] = pH + \log K_w \tag{9-2}$$

水溶液中では酸化還元電位 Eh に応じてウランは U (IV) または U (VI) の酸化状態を取り，それぞれの酸性状態での基本となるイオン形は $U(IV)^{4+}$ および $U(VI)O_2^{2+}$ となる。このため他の配位子が有意に存在しない水溶液系ではウランイオンの加水分解は図 9.1 に示した通り水溶液の pH および酸化還元電位 Eh に依存して変化する。この図では各 pH および Eh 条件で最も支配的となる化学種のみを示している。図 9.1 は化学種計算ソフト MEDUSA［1］および化学平衡定数データベース HYDRA［2］をもちいて作図した。図中の A 図は固相化学種を含め，各溶液条件下で最も存在率が高くなる化学種を示している。一方，B 図は溶存化学種の支配種のみを示している。各化学種の存在濃度は pH，Eh のみならず，ウランイオンの総濃度やイオン強度に応じて変化する。図 9.1 ではウランイオン総濃度を 10 μM, イオン強度を 0.1 と設定して作図した。図中の点線は溶媒としての水の存在領域を示しており，この範囲内では酸化条件（高 Eh）の場合はウラニル（VI）イオンやその加水分解種が安定に存在し，還元条件（低 Eh）では二酸化ウラン（IV）の結晶が最も安定な化学種として存在することが分かる。

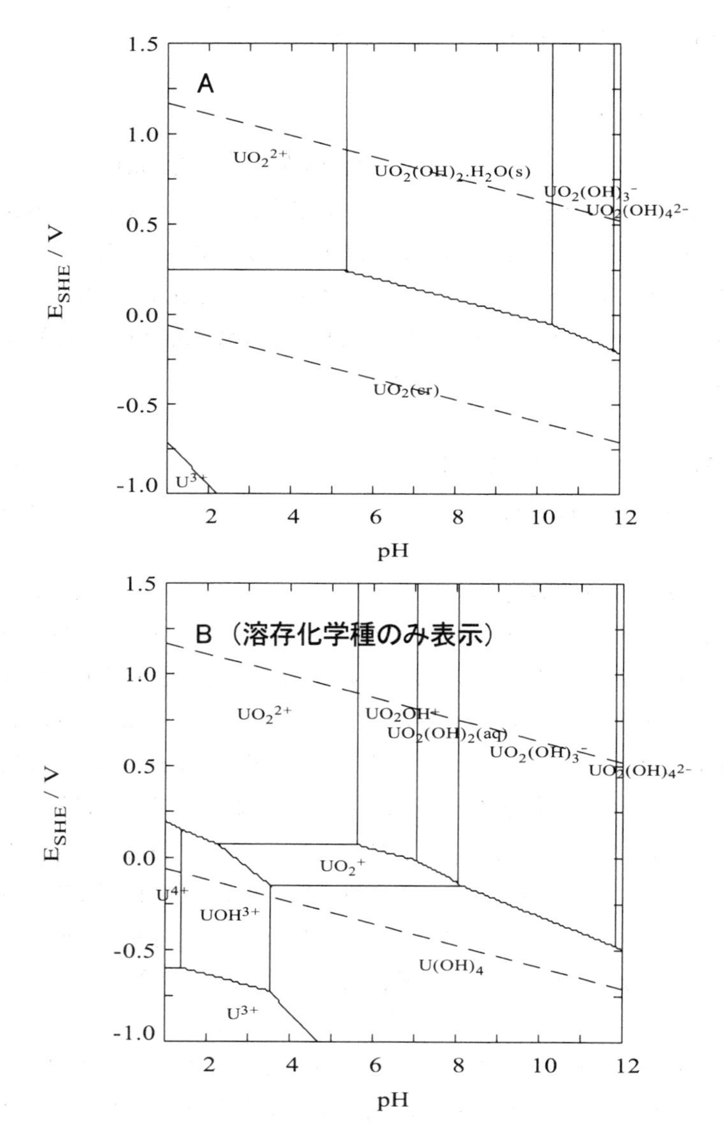

図 9.1　ウランイオンの加水分解を示す pH-Eh 線図：
[U] total = 10μM，イオン強度 0.1，25℃ [1，2]
（A：固相を含む支配化学種，B：溶存化学種のみ表示

表9.1　ウラニル（VI）イオン加水分解種 $(UO_2)_p(OH)_q^{(2p-q)}$ の生成平衡定数［3］

$p(UO_2^{2+})$	$q(OH^-)$	平衡定数　$\log\beta_{p,q}$
1	1	− 5.25
1	2	− 12.15
1	3	− 20.25
1	4	− 32.40
2	1	− 2.7
2	2	− 5.62
3	5	− 15.55
3	7	− 32.7
4	7	− 21.9

*　平衡定数 $\beta_{p,q}$ は（9.4-3）式の反応に対して定義した
* * 溶存種 $UO_2(OH)_2(aq)$

(1) ウラニル（VI）イオンの加水分解

大気存在下のウランの酸化状態であるU（VI）のイオンである UO_2^{2+} イオンの加水分解はこれまで詳しく研究されてきた。この反応は関与するウラニルイオンと水酸化物イオンの数が変わる逐次反応であり，次のように一般式で書くことが出来る。

$$pUO_2^{2+} + qH_2O \rightleftarrows (UO_2)_p(OH)_q^{(2p-q)} + qH^+ \qquad (9\text{-}3)$$

溶媒抽出法やイオン交換法，溶解度測定法といった二相分配実験の結果や分光分析による化学種同定の結果から各段階の加水分解の平衡定数の決定がなされ，表9.1のように報告されている。図9.1に示した平衡計算はこれらの平衡定数を用いて行われている。

また，ウラニル（VI）イオン1分子に2分子の水酸化物イオンが配位し，電荷が中和されることにより生成するウラニル（VI）水酸化物沈殿反応の溶解度積は以下のように報告されている［4］。

$$(UO_2)(OH)_2 \cdot H_2O(s) \rightleftarrows UO_2^{2+} + 2OH^- : \log K_{sp} = -18.81 \qquad (9\text{-}4)$$

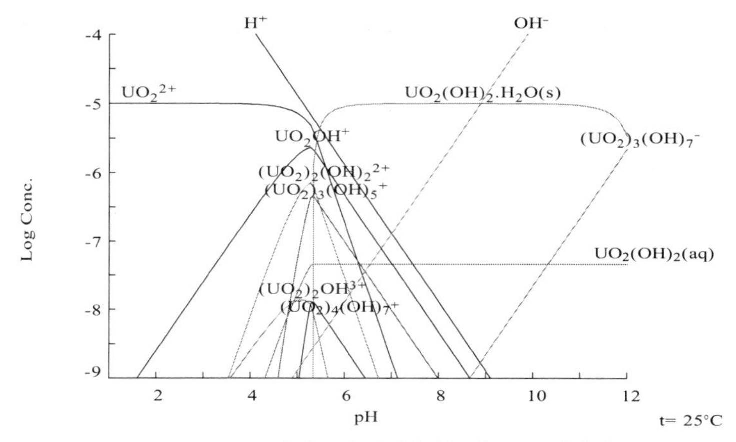

図 9.2　ウラニル（VI）の加水分解種分布の pH 依存性
[U (VI)] total ＝ 10μM，イオン強度 0.1，25℃ [1，2]

水酸化物イオン以外にウラニル（VI）イオンと難溶性の化合物を生成する陰イオンが存在しない溶液系では，この水酸化ウラニルがウラニル（VI）イオンの溶解度制限固相となる。ウラニル（VI）イオンの加水分解化学種分布の pH 依存性を示す計算結果を図 9.2 に示した。pH 4 以上で加水分解が始まり，$UO_2(OH)^+$ や $(UO_2)_2(OH)_2^{2+}$，$(UO_2)_3(OH)^{5+}$ が形成される。pH 5.6 を超えると水酸化ウラニル $(UO_2)(OH)_2 \cdot H_2O$ (s) の沈殿が生成し溶解度が著しく低下する。この条件での溶存化学種は電気的中性化学種である $UO_2(OH)_2$ (aq) であり，溶解度は $1 \times 10^{-7.3}$ mol/L 程度である。pH 11 以上となると，溶存性の陰イオン化学種である $(UO_2)_3(OH)_7^-$ が形成され，溶解度が増加に転じる。このようにウラニル（VI）イオンは水酸化物イオンと多くの加水分解化学種を形成するため，その化学種分布は非常に複雑なものとなる。

(2) ウラン（IV）イオンの加水分解

還元条件下のウランの酸化状態である 4 価のウランイオン U^{4+} は，＋4 という高い正電荷のため非常に強い加水分解反応を水溶液中で起こす。

表 9.2　ウラン（IV）イオン加水分解種 $U_p(OH)_q^{(4p-q)}$ の生成平衡定数［3］

$p(U^{4+})$	$q(OH^-)$	平衡定数　$\log\beta_{p,q}$
1	1	− 0.54
1	2	− 2.6
1	3	− 5.8
1	4	− 10.3
6	15	− 16.9

＊溶存種 $U(OH)_4(aq)$

4分子の水酸化物イオンが配位し電荷が中和された非晶質の水酸化ウラン $U(OH)_4 \cdot xH_2O$（am）や，ここから水分子が脱離した結晶性の UO_2（cr）は以下に溶解度積を示すように非常に難溶性の化合物である。

$$U(OH)_4 \cdot xH_2O(am) \rightleftarrows U^{4+} + 4OH^- : \log K_{sp} = -54.5 \quad (9\text{-}5)\ [4]$$

$$UO_2(cr) + 2H_2O \rightleftarrows U^{4+} + 4OH^- : \log K_{sp} = -60.85 \quad (9\text{-}6)\ [5]$$

非晶質の水酸化ウラン（IV）が溶解度を制限している場合は，U（IV）の中性での溶解度は $1 \times 10^{-8.5}$ mol/L 程度と低い値となり，結晶性の二酸化ウラン（IV）が溶解度を制限している場合は 1×10^{-15} mol/L とさらに低い値となる。このために U（IV）の溶存する加水分解化学種を実験により直接検出し，生成反応の平衡定数を測定することは極めて困難であった。このような系での代表的な実験方法は還元剤を使用し，溶液内を十分な還元条件にしたうえで，各 pH での U（IV）の溶解度を測定し，その pH 依存性から溶存化学種の推定が行い，溶存種の電荷を溶媒抽出法等で決めるといったものである。このような方法で決定された U^{4+} イオンの逐次加水分解反応を表 9.2 に示した。この際の反応式は以下のように定義した。

$$pU^{4+} + qH_2O \rightleftarrows U_p(OH)_q^{(4p-q)} + qH^+ \quad (9\text{-}7)$$

以上の溶解度積および平衡定数を用いてウラン（IV）イオンの加水分

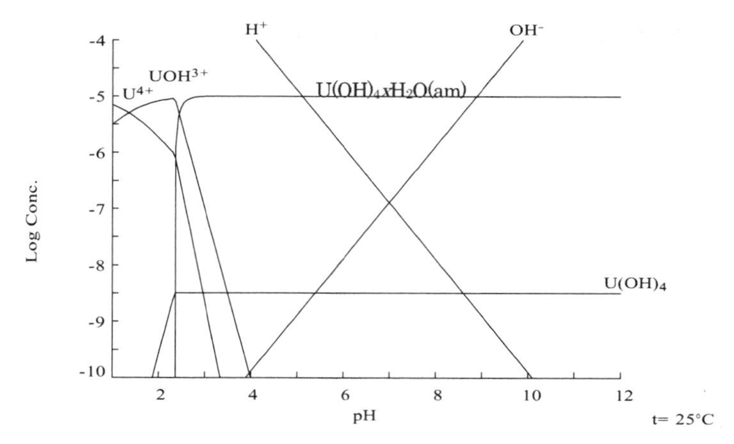

図 9.3　ウラン（IV）の加水分解種分布の pH 依存性
[U（VI）]$_{total}$ ＝ 10μM，イオン強度 0.1，25℃ [1，2]

解化学種分布の pH 依存性を示す計算を行い，結果を図 9.3 に示した。ここでは，溶解度制限固相を非晶質の水酸化ウラン $U(OH)_4 \cdot xH_2O$ (am) と設定した。

図 9.3 より酸性領域である pH 1 であっても加水分解が始まり，一部が第一加水分解種の UOH^{3+} となっている事が分かる。pH 2 付近では UOH^{3+} が支配化学種となるが，pH 2.5 を超えると，非晶質の $U(OH)_4 \cdot xH_2O$ (am) が支配種となりほとんどの U（IV）が水酸化物として沈殿することが分かる。これ以降 pH が上昇しても化学種分布は変わらず，溶液中には $U(OH)_4$ (aq) が溶存種として極低濃度 $1 \times 10^{-8.5}$ mol/L 程度存在する。

以上が平衡化学種のみを考慮して記述した U（IV）の加水分解挙動であるが，これまでに行われた実験研究により，水溶液中の U（IV）は $U(OH)_4$ を基本組成とするコロイドや $U_4(OH)_{16}$ といった多核体，さらには環境中の水酸化鉄コロイドやシリカコロイドに $U(OH)_4$ が収着した複合コロイド等を形成することが知られており，これら準安定化学種の存在により，見かけの溶解度が前述したような熱力学平衡状態の溶解度を大きく上回ることがある［3, 6］。U（IV）の関与する実験や環境評価，プロセス設計等を行う際はこれら準安定化学種の生成の可能性についても考慮する必要がある。

9.2　溶媒抽出反応

核燃料サイクルの中で溶媒抽出法は再処理プロセスの中核をなす技術で，半世紀にわたって使用されてきた。(12.7節参照) しかしながら，金属イオン濃度を増やし，高ロード条件下で溶媒抽出を行うと有機相や水相とは異なる，第三相と呼ばれるエマルション状の相が生成し，工程管理を難しくする課題があることが知られている。しかしながら，酸の種類や濃度，金属イオンの種類や濃度により，成因が異なり，いまだ解決を見ていない課題である。これまでに再処理工程で利用されているTBP/ドデカンを有機相とするウランの溶媒抽出系における第三相生成メカニズムについては，様々な研究が行われてきたものの，詳細が明らかにされたとは言い難いのが現状である[7]。通常有機相中でウランとTBPの錯体は，[UO_2 (NO_3)$_2$・TBP_2]の形で存在するが（10.4節参照)，これとは，対照的に，第三相中のウランとTBPの錯体は，H [UO_2 (NO_3)$_3$・TBP_2] の形で存在することが，UV-Vis，FT-IRなどによる研究で明らかになっている [7]。一方で，これらの違いが，主に有機相／水相界面でのウラニル錯体の水和構造，溶媒和構造，イオン対，錯生成反応を起点として引き起こされるとする分子動力学によるシミュレーション計算研究も行われてきた [8-11]。これらの研究では第三相の生成は界面で始まることが示唆されており，界面の化学現象が重要な役割を果たしていると言える。そこで，近年，第三相が発生する条件下で，非線形光学効果を利用した先進的なレーザー分光法である，振動和周波発生（Vibrational Sum Frequency Generation : VSFG）分光法 [12-14] を用い，空気/水－抽出剤界面の分子構造を明らかにすることで，第三相の生成メカニズムに関する重要な知見を得る努力が進められている。この方法は，二つの波長のレーザーをサンプルに照射することで界面でのみ発生する和周波を結合振動領域の波長で観測し，そこから界面での分子構造を明らかにする方法で，図9.4に一般的な溶媒抽出モデル (a) と今回の実験法 (b) を示す。溶媒抽出に利用される抽出剤分子は，官能基として疎水基と親水基を持ち，界面活性であるため，界面では疎水基を有機相側に，親水基を水相側に向けて存在する。また，一方で空

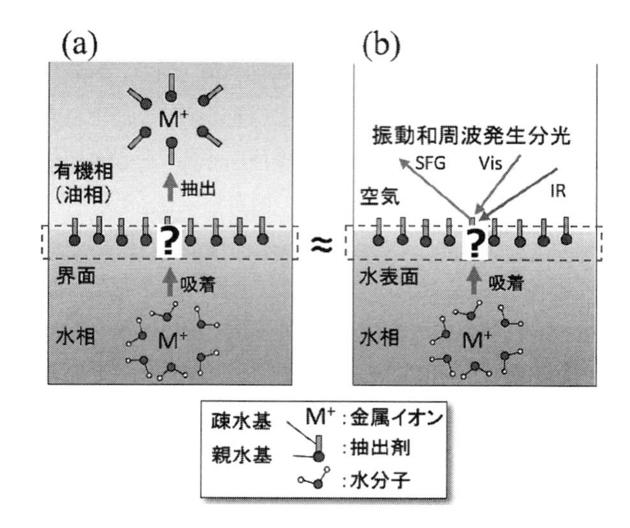

図 9.4　(a) 溶媒抽出モデル (b) 振動和周波発生分光法の実験方法
（放射化学会誌＠＠月号より許可を得て転載，Copyright 2020，日本放射化学会）

気／水界面において，界面活性な物質は疎水基が空気側に親水基が水側になるように存在するため，実験系を簡略化して考えると，空気／水界面で振動和周波発生分光法を用いて観察することで，溶媒抽出界面を疑似的に再現することになり，ウランが水相から有機相へ相間移動する直前の状態をとらえることが可能である。

図 9.5 に VSFG 分光法により得られた空気 / 水－抽出剤界面の TBP の P ＝ O 伸縮振動領域でのスペクトルを示す。図の下から水と空気界面，TBP のみが存在する系，ウラン（VI）を 0.1M 添加したもの，ウラン（VI）を 0.1M と 3M 硝酸を添加してもの，ウランの濃度を 0.9M まで高めたものの TBP の P ＝ O 伸縮振動のバンドを観測した結果である。TBP がウランと結合すると 1190 cm^{-1} 付近にバンドは現れることが分かっている。[15] しかしながら，ウランが高濃度に存在する第三相が生成する条件においても，TBP の P ＝ O のバンドは 1250 cm^{-1} 付近にのみ観測され，ウランは TBP と界面で錯体を生成した場合に観測される 1190 cm^{-1} 付近に

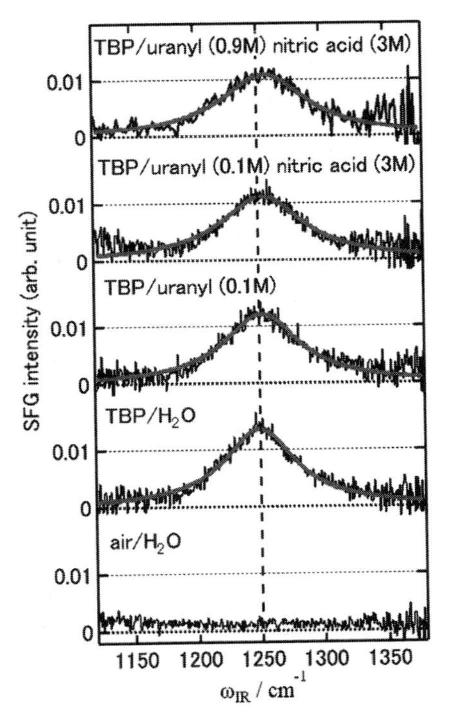

図9.5　VSFG分光法により得られた空気/水－TBP界面の振動スペクトル
(Physical Chemistry Chemical Physics, 20, 2809, 2018から許可を得て転載, Copyright 2018, The Royal Society of Chemistry)

バンドは現れないことがわかる。これまでウラン（VI）は界面でTBPと錯体を生成することで有機相に抽出されるとされてきたが，実験的に界面反応を初めて観察することで，ウランのTBPでの抽出は，従来の抽出モデルとは異なり，ウラン（VI）が有機相に移動した後に，有機相中でTBPと錯体を生成し，抽出されることが示された。

［参考文献］

[1] I. Puigdomenech, Make Equilibrium Diagrams Using Sophisticated Algorithms (MEDUSA), Inorganic Chemistry, Royal Institute of Technology, Stockholm,2015.
[2] I. Puigdomenech, Hydrochemical Equilibrium-constant Database (HYDRA), Inorganic

Chemistry, Royal Institute of Technology, Stockholm, 2015.
[3] L. R. Morss, N. M. Edelstein, J. Fuger ed., The Chemistry of the Actinide and Transactinide Elements, 3rd edition, volume 1, Springer, Netherland, 2006.
[4] R. Guillaumont, T. Fanghanel, et al, OECD-NEA Chemical Thermodynamics 5, Update on the Chemical Thermodynamics of Uranium, Neptunium, Plutonium, Americium and Technetium, Elsevier, 2003.
[5] I. Grenthe, J. Fuger, et al, OECD-NEA Chemical Thermodynamics 1, Chemical Thermodynamics of Uranium, Elsevier, 1992.
[6] Y. Wang, et al, Mobile uranium (IV) -bearing colloids in a mining-impacted wetland, Nature communications,vol. 4, 3942/1-3942/9, 2013.
[7] P. R. Vasudeva Rao, Zdenek Kolarik, A Review of Third Phase Formation in Extraction of Actinides by Neutral Organophosphorus Extractants, Solv. Ex. Ion Exch., 14, 955-993, (1996)
[8] M. Jayasinghe, et al., Molecular Dynamics Simulations of the Structure and Thermodynamics of Carrier-Assisted Uranyl Ion Extraction, J.of Phys.Chem. B, 113, 11662, (2009) .
[9] Xianggui Ye, Shengting Cui, Valmor F. de Almeida, Benjamin P. Hay and Bamin Khomami, Uranyl nitrate complex extraction into TBP/dodecane organic solutions:a molecular dynamics study Phys. Chem. Chem. Phys.,12, 15406, (2010).
[10] G. Benay and G. Wipff. Liquid–Liquid Extraction of Uranyl by TBP: The TBP and Ions Models and Related Interfacial Features Revisited by MD and PMF Simulations. J. Phys. Chem. B, 118, 3133, (2014).
[11] Pooja Sahu, Sk. Musharaf Ali, Kalasanka Trivikram Shenoy. Passage of TBP–uranyl complexes from aqueous–organic interface to the organic phase: insights from molecular dynamics simulation. Phys. Chem. Chem. Phys., 18, 23769-23784, (2016).
[12] K. B. Eisenthal, Liquid Interfaces Probed by Second-Harmonic and Sum-Frequency Spectroscopy, Chem. Rev., 96, 1343, (1996).
[13] G. L. Richmond, Molecular Bonding and Interactions at Aqueous Surfaces as Probed by Vibrational Sum Frequency Spectroscopy Chem. Rev., 102, 2693, (2002).
[14] Yuen Ron ShenVictor Ostroverkhov, Sum-Frequency Vibrational Spectroscopy on Water Interfaces: Polar Orientation of Water Molecules at Interfaces, Chem. Rev., 106, 1140, (2006).
[15] Kenkichi Nukada, Keiji Naito, Utako Maeda, On the Mechanism of the Extraction of Uranyl Nitrate by Tributyl Phosphate II. Infrared Study, Bull. Chem. Soc. Jpn. 33, 894-898, (1960).

第 10 章　塩および錯体

10.1　ウラン酸塩

ウラン酸塩はウラン，酸素およびその他の陽イオンの 3 元素から構成される，三元酸化物である。$U_nO_{3n+1}{}^{2-}$ といったウラン（VI）と酸素の組み合わせを弱酸と見立て，これが K^+ や Ca^{2+} といった金属イオンと弱酸塩を構成している化合物との解釈から，ウラン酸塩と呼ばれる。

アルカリ金属のウラン酸塩としては M_2UO_4 (M=Li，Na，K，Rb，Cs)，$M_2U_2O_7$ (M＝Li，Na，K，Rb，Cs)，$M_2U_3O_{10}$ (M＝Li，K，Cs)，$M_2U_4O_{13}$ (M＝K，Rb，Cs)，$M_2U_6O_{19}$ (M＝Li，K)および $M_2U_7O_{22}$ (M＝Li，K)の各化合物が報告されている[1]。これらの化合物はいずれも，$M^I{}_2O+nUO_3$型(n＝1 ～ 6)の塩として整理することが出来る。またこのほかに，$2M^I{}_2O+UO_3$型となる M_4UO_5 (M＝Li，Na，K，Rb)についても存在が報告されている。アルカリ金属のウラン酸塩は Li_2UO_4 を除いて吸湿性が高い。酸性溶液には可溶で高い溶解度を示す。大部分が黄色の塩であり，$M_2U_2O_7$ の組成を取る重ウラン酸塩の一部はオレンジ色を呈する。$M^I{}_2O+nUO_3$型(n＝1 ～ 6)の塩は層状の結晶構造を持ち，U(VI)はウラニル構造($O=U^{VI}=O$)を取る。重ウラン酸ナトリウム($Na_2U_2O_7$)と Na^+ を NH^{4+} で置換した重ウラン酸アンモニウム($(NH_4)_2U_2O_7$)は，核燃料製造工程の中の六フッ化ウランから二酸化ウランを得る転換工程で，中間生成物として得られるイエローケーキに含まれる。一般的なアルカリ金属ウラン酸塩の合成では，アルカリ金属の炭酸塩，硝酸塩または塩化物を目的とする化合物のウラン：アルカリ金属の化学量論比となるように U_3O_8 または UO_3 と混合し，これを空気中や酸素中で 500－1000℃で加熱処理する。揮発性の高い Rb や Cs のウラン酸塩を合成する場合は，より低い温度(600－700℃)での加熱処理が必要となる。

アルカリ土類金属のウラン酸塩としては MUO_4 (M＝Mg，Ca，Sr，Ba)，MU_2O_7 (M=Ca，Sr，Ba)，MU_3O_{10} (M=Mg) および MU_4O_{13} (M=Ca，Sr) の各化合物が報告されている[1]。これらの化合物はいずれも，$M^{II}O+$

nUO_3型($n=1\sim4$)の塩として整理することが出来る。このほかに，$2M^{II}O+UO_3$型となるM_2UO_5(M＝Ca，Sr)や$3M^{II}O+UO_3$型となるM_3UO_5(M＝Ca，Sr，Ba)，および$2M^{II}O+3UO_3$型となる$M_2U_3O_{11}$(M＝Ca，Sr，Ba)についても存在が報告されている。軽アルカリ土類金属塩である$MgUO_4$や$CaUO_4$は黄色の塩であり，重アルカリ土類金属塩である$SrUO_4$や$BaUO_4$はオレンジ色を呈する。$M^{II}O+nUO_3$型($n=1\sim4$)の塩の結晶構造や化学的性質は概ね前述したアルカリ金属塩である$M^{I}_2O+nUO_3$型と共通する。

10.2　硝酸塩

ウランの硝酸塩としてはU（VI）の塩である硝酸ウラニル（$U^{VI}O_2(NO_3)_2\cdot xH_2O$）が良く知られている。六水和物や三水和物，二水和物が得られる。潮解性が高いため空気中では無水塩は吸湿して水和物に変わる。淡い黄色の塩であり，紫外光や可視光で励起すると黄緑色の蛍光を発する。このような性質から過去には窯業やガラス工業の顔料として，さらには写真の増感剤として利用されてきた。放射性物質であり核燃料物質であるため，現在はこのような一般産業界での利用は減っている。結晶は斜方晶系柱状または板状晶といった柱状晶をとり，融点は60.2℃である[2]。水や硝酸水溶液，エタノール，アセトンといった極性溶媒によく溶ける。図10.1に硝酸ウラニルの各濃度の硝酸溶液への溶解度を示す[3]。20℃では2Mの硝酸溶液に対して400g/L以上のU（VI）が溶解することが分かる。この溶解度は温度に強く依存し，ある温度での飽和濃度付近の硝酸ウラニル溶液を用意して，温度を下げると硝酸ウラニルが塩として析出（晶析）する。また，共通イオン効果により，同じ温度で硝酸濃度を上昇させることでも晶析することが出来る。

このような性質を利用して旧日本原子力研究所（現：日本原子力研究開発機構）では高速炉で使用した核燃料の再処理技術の候補として，硝酸ウラニル塩の晶析現象を利用した，ウランの疎分離工程を開発した（12.7節参照）[4]。ここでは60℃の2.7M硝酸溶液に使用済核燃料を溶解し，

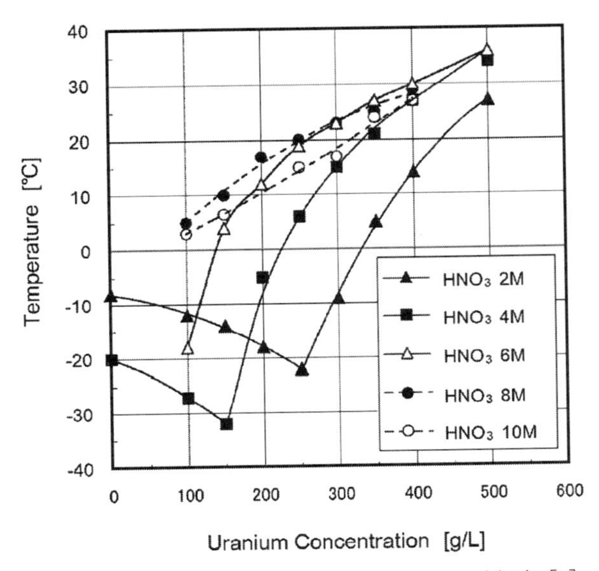

図10.1　硝酸ウラニルの各濃度の硝酸溶液への溶解度［3］

これを10℃付近まで冷却することで溶解度を超過した分の硝酸ウラニル塩を晶析させて，これを回収した。回収したウランは精製の後，新たなウラン製品の原料となるというプロセスであった。

10.3　硫酸塩

ウランの硫酸塩としてはU(IV)の塩とU(VI)のウラニル塩が安定に存在すると知られている。それぞれ以下に説明する。

(1) 硫酸ウラン (IV) $U^{IV}(SO_4)_2 \cdot xH_2O$

緑色の塩であり，x＝2～9の各水和物の存在が知られている。4水和物と9水和物の結晶構造はそれぞれ直方晶と単斜晶で，融点はそれぞれ300℃と230℃である。100 mlの水に対する溶解度は4水和物が23g，8水和物が11.3gと比較的易溶性の塩である［5］。ウランに関する熱力学データを整備したOECD-NEAのTDBプロジェクトでは硫酸ウラン（IV）の溶解度積として以下の値を推奨値としている［6］。

$$U(SO_4)^2(s) \rightleftarrows U^{4+} + 2SO_4^{2-}\ ;\ \log K_{sp} = -11.68 \qquad (10\text{-}1)$$

一般的な合成法は，四塩化ウラン（IV）の酸性溶液等のU^{4+}イオンを含む溶液に，硫酸を添加し$U^{IV}(SO_4)_2$の沈殿として析出させ，この沈殿をろ過により回収し乾燥させる。合成中のU（IV）→U（VI）への酸化を防ぐ必要がある。

(2)　硫酸ウラニル（VI）$U^{VI}O_2SO_4 \cdot xH_2O$

ウラニル（VI）の硫酸塩は天然のウラン鉱石にも含まれる物質である。鉱物としてはチッペ石（Zippeite, $K_3(H_2O)_3[(UO_2)_4(SO_4)_2O_3(OH)]$），ナトリウムチッペ石（Sodium-Zippeite, $Na_5(H_2O)_{12}[(UO_2)_8(SO_4)_4O_5(OH)_3]$），マグネシウムチッペ石（Mg-Zippeite, $Mg(H_2O)_{3.5}[(UO_2)_2(SO_4)O_2]$）等が知られている。化合物として得られる硫酸ウラニル（VI）には無水物，1水和物，2水和物，および3水和物があり黄緑色の塩である。3水和物は三酸化ウランを硫酸に溶解させ，これを蒸発濃縮して結晶化することにより得られる。また，硝酸ウラニルの溶液に硫酸を加えて，これを蒸発乾固させれば，硝酸が先に揮発されるために硫酸ウラニル3水和物を得ることが出来る。この場合は，得られた塩を純水に溶解し，再度蒸発乾固を繰り返すことで純度を向上させることが出来る。硫酸ウラニル3水和物を100～115℃で加熱すれば結晶水が脱水し，1水和物となる。また，175～300℃で加熱すれば結晶水が全て脱離し，無水物を得ることができる［7］。無水物のβ-UO_2SO_4の粉末X線および中性子回折パターンの結果より，Brandenburgらはこの硫酸ウラニルの単斜晶の結晶構造を明らかにした［8］。硫酸ウラニル3水和物の溶解度は100mlの水に対して20.5gと報告されている［5］。OECD-NEAのTDBプロジェクトでは硫酸ウラニルの溶解度積として以下の値を推奨値としている［9］。

$$UO_2SO_4(s) \rightleftarrows UO_2^{2+} + SO_4^{2-}\ ;\ \log K_{sp} = 1.892 \qquad (10\text{-}2)$$

10.4　リン酸塩

ウランのリン酸塩としてはU（VI）の塩であるリン酸ウラニルやアルカリ土類金属との複合塩が良く知られている。リン酸水素ウラニル（VI）四水和物$U^{VI}O_2HPO_4 \cdot 4H_2O$は黄色を呈する塩であり正方晶の構造を持つ。水に対してほとんど不溶である。OECD-NEAのTDBプロジェクトではこの塩の溶解度積として以下の値を推奨値としている［6］。

$$U^{VI}O_2HPO_4 \cdot 4H_2O(s) \rightleftarrows UO_2^{2+} + H^+ + PO_4^{3-}\ ;\ \log K_{sp} = -24.202 \qquad (10\text{-}3)$$

このほか，$(UO_2)_2P_2O_7$や$(UO_2)_3(PO_4)_2$といったウラニル(VI)リン酸塩が存在するが，いずれも水に対して極めて難溶性である。このため，多くのウラン鉱石中でウランが$(UO_2)_3(PO_4)_2$といったリン酸塩として存在してることが報告されている[1]。このほか，ウラン鉱石中では$K_2(UO_2)_2(PO_4)_2 \cdot 6H_2O$，$Ca[(UO_2)(PO_4)]_2 \cdot 11H_2O$，$Mn(UO_2)_2(PO_4)_2 \cdot 8H_2O$，$Ba[(UO_2)(PO_4)]_2 \cdot 7H_2O$といったアルカリ金属やアルカリ土類金属を含む複塩として存在している事が報告されている[1]。

ウラニルリン酸塩を主成分とする鉱物である燐灰ウラン鉱（autunite）は紫外線を受けて黄緑色の蛍光を発することがよく知られている。化学組成は$Ca(U^{VI}O_2PO_4)_2 \cdot 8-12H_2O$とされている。ウラン鉱物が分解・移動した後に生成した二次鉱物として，花崗岩の割れ目やペグマタイト中に黄色粉末や黄緑色の結晶として見つかることが多い。ウランの二次鉱物であるため，これに含まれる^{238}Uと^{226}Raは放射平衡に達していないことが多い。図10.2に，Geipelらにより燐灰ウラン鉱を含むウラニルリン酸塩鉱物を，266nmの紫外光で励起した際に観察された蛍光のスペクトルを示す[10]。ここでは，カルシウムの複塩である燐灰ウラン鉱の他に，マグネシ

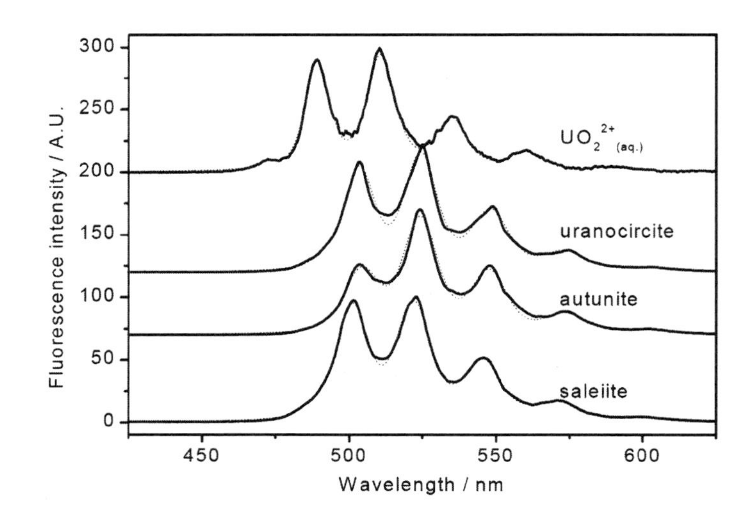

図 10.2　ウラニルリン酸塩鉱物の蛍光スペクトル［10］

ウム複塩の saleeite ($Mg(U^{VI}O_2PO_4)_2 \cdot 10H_2O$) およびバリウム複塩の uranocircite ($Ba(U^{VI}O_2PO_4)_2 \cdot 12H_2O$) の蛍光スペクトルがウラニルイオン UO_2^{2+} の蛍光スペクトルと比較されている。この図より，ウラニルリン酸塩鉱物の蛍光はウラニルイオンと同様のスペクトル構造を持つが，発光波長が長波長側に移動（レッドシフト）している事が分かる。また，蛍光寿命は2－30μ秒程度と比較的長い値が報告されており，強度の高い傾向が観察されている事が分かる。さらに，複塩として含まれるアルカリ土類金属の種類の違いは蛍光の色には大きな影響は及ぼしていないことも示されている。

10.5　炭酸塩

炭酸ウラニル（VI）($U^{VI}O_2CO_3$) が良く知られている。黄色の塩であり，このほかカリウムやナトリウムとの複塩結晶である $U^{VI}O_2CO_3 \cdot 2K_2CO_3$, $U^{VI}O_2CO_3 \cdot 2Na_2CO_3$ の存在が良く知られている。これらの塩は閃ウラン鉱（UO_2）や花崗岩の表面に付着する鉱物として天然に産出しており，他の炭酸塩と同様，中性の水に難溶で酸に可溶である。水酸化ウラニル(VI）の鉱物であるシェップ石（Schoepite, $(UO_2)_8O_2(OH)_{12}\cdot12H_2O$）と炭酸ウラニル塩は二酸化炭素を含む環境系で競合する塩であるが，熱力学平衡から水酸化ウラニルが炭酸ウラニルに変化するには二酸化炭素分圧（$P(CO_2)$）が $10^{-1.9}$atm 以上である必要がある。大気中の二酸化炭素分圧は $10^{-3.4}$atm 程度であるため，大気と接触した環境中では炭酸ウラニルではなく，水酸化ウラニルが支配的となり水へのウランの溶解度を決定する固相となる。このため環境中での炭酸ウラニル塩へ変化する反応は二酸化炭素分圧が局所的に高くなった履歴を持つ飽和土壌中や地下環境中で起こると考えられている［1]。

固相成分としてのウラニル炭酸塩の他に，海水や炭酸イオンを多く含む地下水中でのウランの支配的な溶存化学種として，ウラニル炭酸錯体が安定に存在することが知られている。図 10.3 は海水条件下（アルカリ金属，アルカリ土類金属，炭酸イオン，硫酸イオン，塩化物イオン，フッ化物イオン等を海水濃度に設定）での U（VI）が総濃度 1×10^{-4}mol/L 存在した際の化学種分布の pH 依存性を平衡計算した結果である。縦軸は各化学種の存在率であり，ある化学種の存在率が 1.0 の場合，存在するウランの 100% がその化学種となっていることを示している。計算に必要となる平衡定数は化学熱力学データベース HYDRA［11］に収録されているものを用いた。図より pH7-8 の範囲では U（VI）の海水条件下での溶存化学種は UO_2^{2+} に 3 分子の炭酸イオンが配位した $UO^2(CO_3)^{4-}$ や，この錯イオンに海水中の Ca^{2+} や Mg^{2+} が配位した $Ca_2UO_2(CO_3)$ や $MgUO_2(CO_3)^{2-}$ が安定となることが分かる。ジオキソイオンである UO_2^{2+} には二つの酸素原子が直線的に強く化学結合しており，錯体を形成する場合は O = U = O 方向を縦軸とした際の 90° 方向の面（赤道面）に対して配位子が配位することになる。炭酸イオン CO_3^{2-} は 2 つの酸素でこの UO_2^{2+} の赤道面に配位する。3 分子の炭酸イオンが赤道面に配位することにより，U の周辺は 6 つの酸素により囲まれ，非常に安定な錯イオンとなる。3 分子の炭酸イ

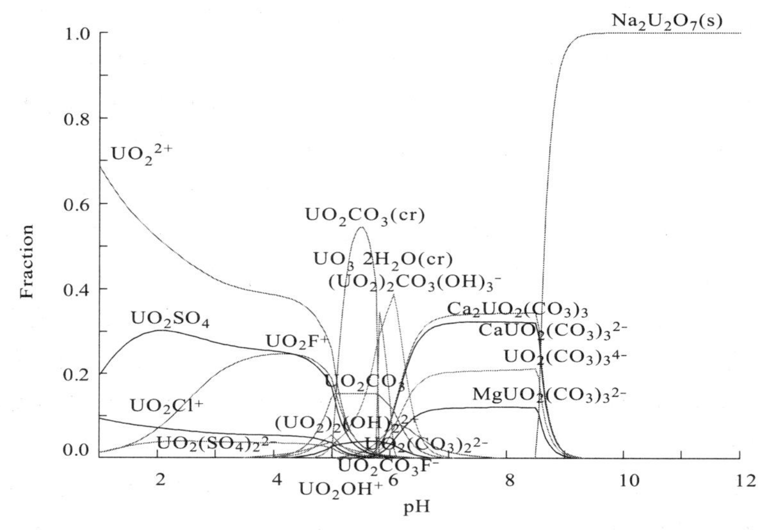

図 10.3　海水条件下でのウラニル (VI) 化学種の pH 依存性を示す化学種平衡計算結果
（縦軸は化学種の存在割合を示す）

オンに配位された結果，この錯体は $UO_2(CO_3)^{4-}$ と非常に負に帯電した錯体となることから，これを電気的に中和するために，外圏に海水中の Ca^{2+} や Mg^{2+} イオンが接近して，$Ca_2UO_2(CO_3)$ や $MgUO_2(CO_3)^{2-}$ といった3元系の錯体が形成されると考えられている。この結果，このようなU（VI）炭酸錯体は海水系の環境水中でのウランの溶解度を支配する重要な化学種となっている。

10.6　ウラニルおよびウラン錯体

ウランに限らず，アクチノイドでは，5f電子特有の特徴を示す化合物が多い。これは，ランタノイドの4fとは対照的に，相対論効果をより大きく受けるため，5f電子の結合に対する役割が増加することに起因している。また，ウラン自身もつイオン半径の大きさと5f電子が織りなす，さまざまな諸性質は，遷移金属を超えた多様な諸相を発現するため，近年，ウラン

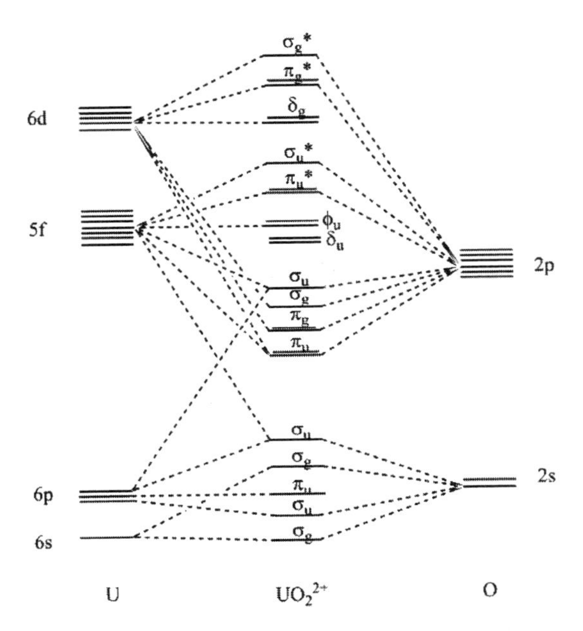

図 10.4　ウラニルイオンの定性的な分子軌道準位図 (D ∞ h)

錯体の研究は，盛んにおこなわれるようになってきている。ウランは 3 価から 6 価までの様々な酸化状態を示すが，6 価のウラニル錯体は特に物性研究において，3 価～ 5 価のウラン錯体は，触媒的な作用に関する研究が行われてきた。ここでは，6 価ウラニル錯体の研究の一部と，触媒研究に重要な役割を果たす出発物質としての低原子価ウラン錯体について述べ，ウラン有機金属錯体については 10.7 で述べる。

(1) ウラニル錯体

ウランの最安定原子価である 6 価のイオンは，通常オキシカチオンとしてジオキソウラニウム UO_2^{2+} として存在する。ウラニルとも呼ばれており，ここでは，ウラニルを使用する。二つの酸素は，直線状に二重結合で結合しており，これを軸に直行平面（エカトリアル平面）上に 3 ～ 6 個の

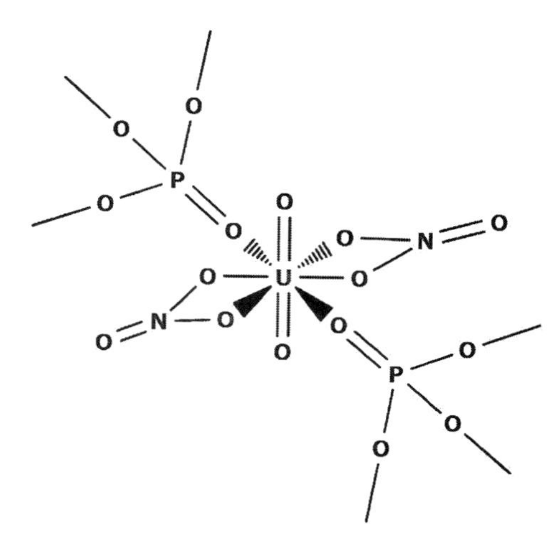

図 10.5　リン酸トリメチル硝酸ウラニル

配座をもち5配位～8配位の錯体を作る。この構造は，遷移金属ジオキソ錯体では，しばしば cis 位に酸素が配位する構造を採るのと対照的に非常に特徴的な構造となっている。これは，5f 軌道が相互作用することによるものである。図 10.4 に定性的な分子軌道（MO）準位を示す。最低空軌道は，5f 軌道の秘訣合成軌道の δu と ϕu で，酸素配位子と相互作用しない。5f 軌道と 6d 軌道は酸素原子と結合に関与できるが，U-O の σ 結合は，酸素の 2pσ 軌道とウランの $6dz^2$ 軌道（δg）と $5fz^3$ と 6pz（δu）との混成軌道から形成される。一方で U-Oπ 結合は，酸素の 2pπ 軌道とウランの 6dπ（πg）と 5fπ（πu）から形成される。したがって，形式的にはウラニルの結合次数は 3 となる。興味深いことに，π 軌道は，σ 軌道よりも低エネルギーに存在し，実験的にも 2p と σu との軌道重なりの小ささに起因することがわかってきた。また，エカトリアル面の結合がイオン結合的で弱いのは，結合に関与できる MO は一つしかなく（D4h 対称性において，δg 軌道と dx^2-y^2，dxy）結合次数はわずか 0.25 であることに起因している。

最も重要かつ基本的なウラニル錯体は，TBP（リン酸トリｎ－ブチル）

を配位子とする硝酸ウラニルTBP錯体である。使用済み燃料からウランを湿式分離するPUREXプロセスにおいて，使用済み燃料溶解液（硝酸溶液）からTBPを用いてウランを分離する。その際，錯体を生成する。しかしながら，これまで単結晶は得られておらず，その分子構造は，分光学的な考察によるものが多い。1960年代～80年代にかけて，いくつかの類似化合物としてメチル基，エチル基，イソブチル基を持つリン酸トリアルキルを含む硝酸ウラニルの錯体の結晶構造解析が行われた。構造は，エカトリアル平面上に硝酸イオン2分子がそれぞれ二座で互いにトランス位に配位し，リン酸トリアルキル2分子がトランス位に配位する構造となっている（図10.5）。1990年代終わりに，リン酸トリｉ－ブチル硝酸ウラニル錯体とリン酸トリｎ－ブチル硝酸ウラニルについてEXAFS（Extended X-ray Adsorption Fine Structure）の測定から，同構造を採ることが示された。

(2)　ウラン錯体

最近，水の電解分解触媒にウラン錯体を用いる研究成果が報告され，劣化ウランの利用を前進させる研究として注目を集めている［11］。近年のウラン錯体研究の発展には，錯体触媒の合成に重要な，出発物質となる錯体の合成が寄与するところがおおきい。その錯体は［$UI_3(THF)_4$］で(THF（テトラヒドロフラン)），このウラン3価の錯体をきっかけとして低原子価錯体の合成が数多く行われるようになった。合成は，小過剰のウラン金属とヨウ素もしくは臭素を0℃でTHF中で反応させることで得られ，［$UI_3(THF)_4$］は，濃紫色，［$UBr_3(THF)_4$］は，濃青色の溶液として得られる。これらの錯体は，容易に他の配位子と置換し，複雑な配位子をもつさまざまなウラン錯体に生まれ変わる［12］。

$$U + 3/2X_2 + 4THF = [UX_3(THF)_4](X = Br,\ I) \qquad (10\text{-}4)$$

特に1990年代後半になって，“トリアミドアミン”と呼ばれる四座配位

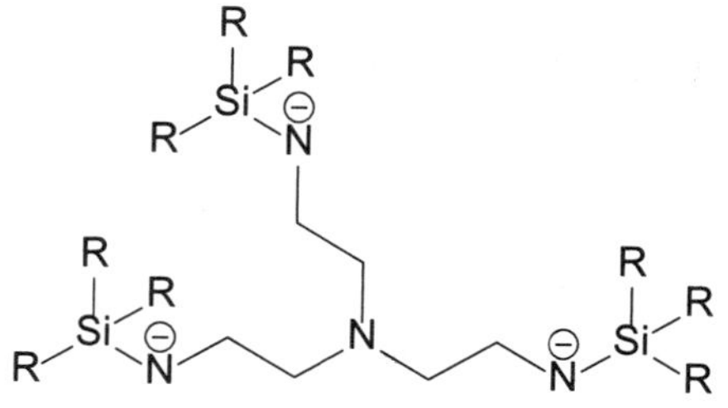

図 10.6　トリアミドアミン配位子
（R ＝アルキル基）

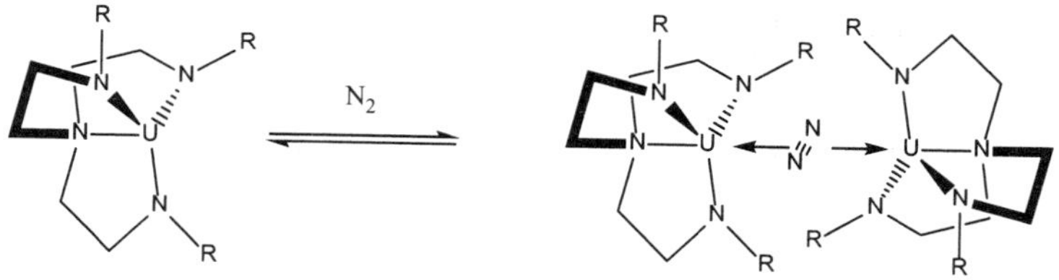

図 10.7　二窒素ウラン錯体

子（図 10.6）が開発され，窒素還元（窒素固定化）技術に革新的な方法の萌芽が芽生え始めている。

この配位子は，末端窒素にかさ高い置換基を結合させることが可能で，比較的高い原子価状態や不安定な原子価を溶媒などからの攻撃から守り，安定な錯体を生成させることができることから，遷移金属では二窒素錯体の合成が成功し，高温高圧を要する Harbar-Bosch 法によるアンモニア合成に，画期的な変革をもたらすことができる窒素固定触媒候補として大きな注目を集めた。1998 年にウランにおいても二窒素錯体が複核錯体として初めて合成された（図 10.7）[13]。その構造は，二つのウラントリアミドアミン錯体で二窒素をサンドイッチしたような構造をとり，二つのウラン核から挟まれて結合している二窒素が “side-on” 型，すなわち二窒素の三重結合に垂直方向から δ 結合を利用した構造をとっている。二窒素の結合距離（1.109 (7) Å）は，窒素のそれ（1.0975 Å）とほぼ同程度であることも特徴のひとつである。その後，窒素固定触媒の開発を目指して，数々の二窒素錯体の合成が行われるようになり，のちには，二窒素が “end-on” 型，すなわち二窒素の二重結合と同じ方向に結合する錯体の合成も行われている [13]。

10.7　有機金属錯体

金属錯体の中でも，炭素を配位原子とする配位子が金属に結合する化合物を特に有機金属と呼び，半世紀ほど前から有機化学と錯体化学を結びつける学際的な学問分野を形成し，特に 1951 年のフェロセンの発見を境にその発展を加速してきた。Ziegler 触媒に始まる数々のノーベル賞の受賞もあり，今では日常生活の発展に欠くことのできない確固たる地位を形成する学問となっている。

一方で，アクチノイドの有機金属研究についても，その歴史は古く，マンハッタン計画にまでさかのぼる。当時，フッ化物に代わる揮発性ウランの探索する過程で，より取扱が簡易な有機金属錯体の研究がすすめられた。しかしながら，しばらくはアクチノイドでは，有用な有機金属錯体を合成することができないと結論付けられていた。その後，研究は下火になったものの，フェロセンの発見から時期をおかず，シクロペンタジエニルウラン錯体（図 10.8）が合成され [14]，それ以降，有機金属化学の発展とともにウラン有機金属錯体も現在まで，着実に発展している。

特にウランの有機金属錯体に関しては，U-C 間の結合長が遷移金属錯体よりも長いものが多く得られ，遷移金属では得られないような構造をとる有機金属錯体も 2000 年代に入り数多く合成され（図 10.9）[15]，今後大きく発展する可能性を秘めている。

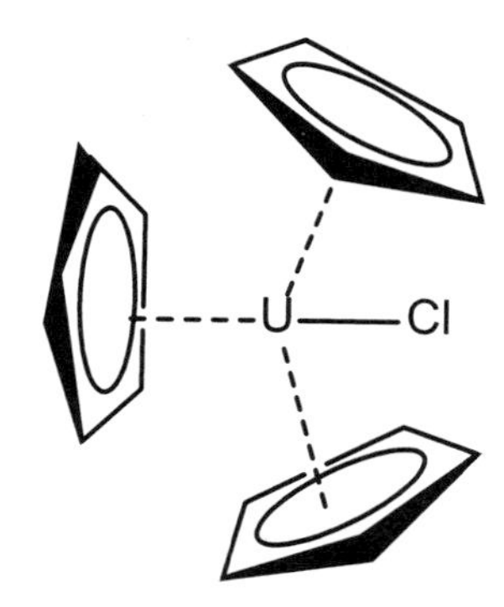

図10.8　シクロペンタジエニルウラン（IV）錯体

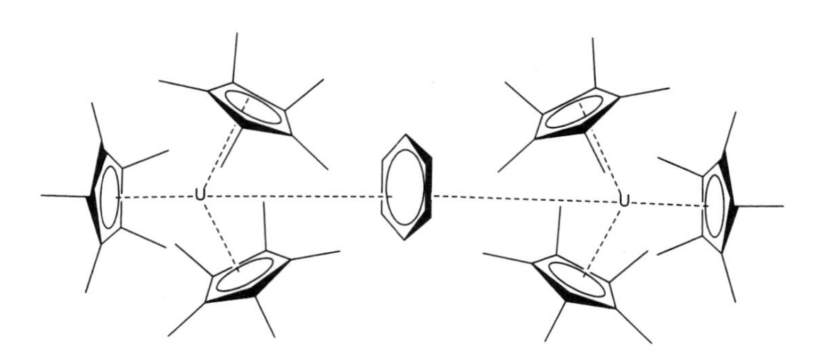

図10.9　$[(C_5Me_5)_2U]_2(\mu\text{-}\eta^6:\eta^6\text{-}C_6H_6)$錯体の構造

［参考文献］

［1］L. R. Morss, N. M. Edelstein, J. Fuger ed., The Chemistry of the Actinide and Transactinide Elements, 3rd edition, volume 1, Springer, Netherland, 2006.
［2］長倉三郎他編集，岩波理化学辞典第5版，岩波書店（1998）
［3］Takahiro CHIKAZAWA , Toshiaki KIKUCHI , Atsuhiro SHIBATA , Tomozo KOYAMA & Shunji HOMMA, Journal of NUCLEAR SCIENCE and TECHNOLOGY, Vol. 45, No. 6, p. 582–587 (2008)
［4］奥野 浩，藤根幸雄，朝倉俊英，村崎 穣，小山智造，榊原哲朗，柴田淳広，高速炉燃料再処理溶解液への晶析法の適用に関する安全性の検討，JAERI-Research-99-027，日本原子力研究所（1999）
［5］David R. Lide ed., CRC Handbook of Chemistry and Physics, 73rd edition, CRC Press

(1992)
[6] I. Grenthe, J. Fuger, et al, OECD-NEA Chemical Thermodynamics 1, Chemical Thermodynamics of Uranium, Elsevier, 1992.
[7] 奥野久輝 水越邦彦 中西正城，無機化学全書 17 ウラン，丸善 (1953)
[8] N. P. Brandenburg, β -Uranyl sulphate and uranyl selenite, Acta crystallographica. Section B,34, 3734-3736 (1978)
[9] R. Guillaumont, T. Fanghanel, et al, OECD-NEA Chemical Thermodynamics 5, Update on the Chemical Thermodynamics of Uranium, Neptunium, Plutonium, Americium and Technetium, Elsevier, 2003.
[10] G. Geipel, G. Bernhard, M.Rutsch, V. Brendler1 and H. Nitsche, Spectroscopic properties of uranium (VI) minerals studied by time-resolved laser-induced fluorescence spectroscopy (TRLFS), Radiochimica Acta, 88, 757-762 (2000).
[11] I. Puigdomenech, Hydrochemical Equilibrium-constant Database (HYDRA), Inorganic Chemistry, Royal Institute of Technology, Stockholm, 2015.
[12] Burns J. H. and Brown G. M., Acta Cryst. C41, 1446 (1985)
Den Auwer C., Lecouteux C., Charbonnel M. C., Madic C. and Guillaumont R., Polyhed., 16, 2233 (1997)
Larry R. Avens, Simon G. Bott, David L. Clark, Alfred P. Sattelberger, John G. Watkin, and Bill D. Zwick, Inorg. Chem. 33, 2248 (1994)
[13] Roussel P and Scott P., Complex of Dinitrogen with Trivalent Uranium, J. Am. Chem. Soc. 120, 1070-1071 (1998)
[14] Reynolds, L. T. Wilkinson G., π -cyclopentadienyl compounds of uranium- IV and thorium- IV, J. Inorg. Nucl. Chem 2, 246 (1956).
[15] Evans, W. J,, Kozimor, S. A., Ziller J. W., Kaltsoyannis N., Structure, Reactivity, and Density Functional Theory Analysis of the Six-Electron Reductant, $[(C_5Me_5)2U]_2(\mu-\eta 6:\eta^6-C_6H_6)$, Synthesized via a New Mode of $(C_5Me^5)_3M$ Reactivity, J. Am. Chem. Soc. 126, 14533 (2004)

第2部
応 用 編

第11章　評価方法

11.1　化学的手法

(1) 重量分析法（TG-DTA）

酸化還元反応や化合物の熱的安定性を調べるために，加熱しながら，試料の重量変化を測定する熱重量分析法（Thermogravimetry）がある[1]。重量変化とともに，参照物質との熱量変化を同時に測定することで，現象の理解が深まる。示差熱あるいは熱量変化を測定する場合をそれぞれ，TG-DTA，TD-DSC法と呼ぶ。図11.1には示差熱一熱重量分析装置（Rigaku Thermoplus-2）を使用して測定した，UO_2を空気中で加熱した場合のTG-DTA結果を示す。黒線がUO_2試料の重量変化を示し，赤線がUO_2試料と基準物質との示差熱変化を示す。250℃～350℃においてTG曲線が緩やかに増加し，かつ，DTA曲線においてもブロードな発熱ピークが見られる。U_3O_7生成に相当する重量増加に達した後，450℃付近にて急激な発熱がみられ，U_3O_8生成まで重量が急増している。次の反応式に示すような，UO_2はU_3O_7までの緩やかな酸化とU_3O_8生成までの急激な酸化の二段階があることが分かる。

$$6UO_2 + O_2 \rightarrow 2U_3O_7 \tag{11-1}$$

$$2U_3O_7 + O_2 \rightarrow 2U_3O_8 \tag{11-2}$$

TG-DTA法により化合物の反応を調べたり，重量変化を丁寧に測定することにより，組成変化を調べたりすることができる。

(2) 滴定法（熱量滴定法）

化学熱力学の原理から，反応に伴う熱の出入りの観測が非常に優れた反応機構の評価法であることは古くから知られていたが，実際には，反応に伴う微小な熱量を精度よく求めることが困難なため，溶液内の反応に対してはこれまであまり用いられてこなかった。近年，温度制御能力，セン

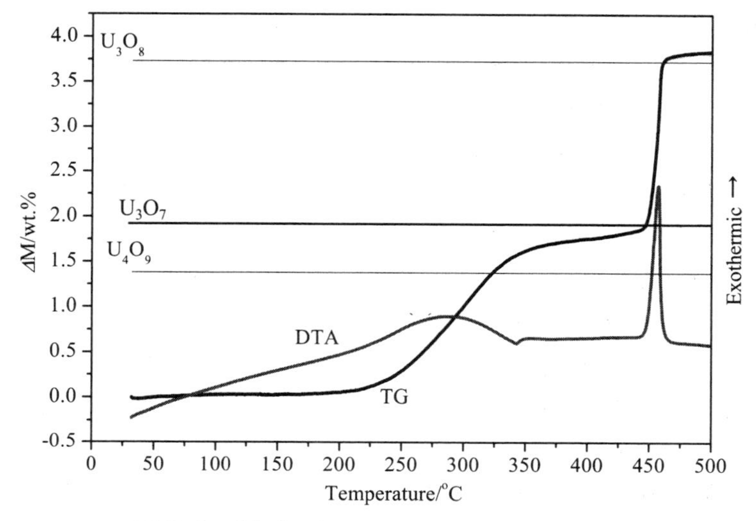

図 11.1　空気中における UO_2 の TG-DTA 測定結果

サーの向上により熱量計を用いて数μJから数nJの極微小の熱量測定が可能になり，反応熱の小さな反応や，大きな体積を用いることのできない試料に対しても反応熱を直接測定できるようになった。この熱量計と滴定装置を組み合わせた熱量滴定装置を溶液内でのウランの化学反応に適用すれば，得られた反応熱量と電位差滴定等で求めた平衡定数を組み合わせ，解析することにより反応のギブス自由エネルギー（ΔG）, 反応エンタルピー（ΔH)，反応エントロピー（ΔS）といった熱力学諸量を高い精度で決定することが出来る。

図 11.2 に恒温槽を用いた等温型熱量滴定装置の一般的な構成を示す。装置には二重に構築された恒温槽の中に試料溶液を入れる反応セルと参照溶液を入れる参照セルが設置されており，反応セルと恒温に保たれたヒートシンク間の熱流束を時間の関数として観測する。セルの容量は 1ml から 20ml 程度が一般的であり，熱伝導率の高いステンレス製やハステロイ製のセルや化学耐性の高いガラスセルなどが用いられている。反応セル

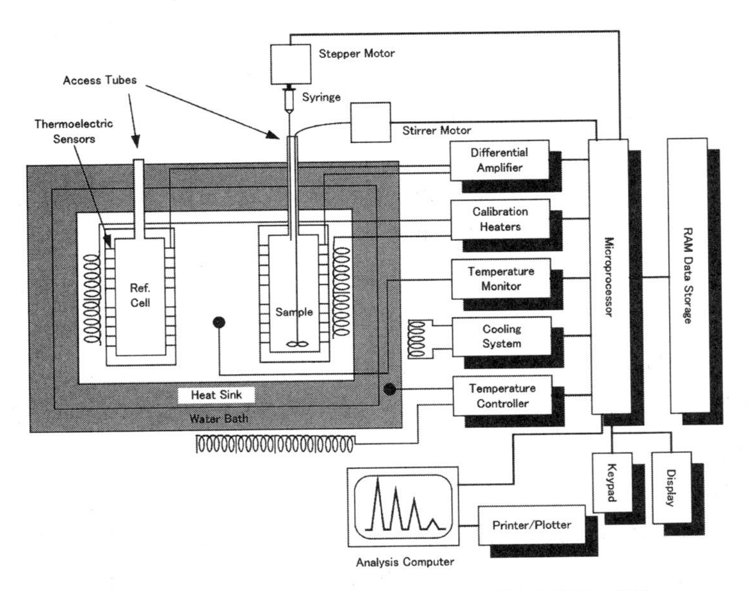

図 11.2　標準的な恒温槽型（等温型）熱量滴定装置の構成

にはアクセスチューブを通して，電子制御されたシリンジにより滴定液を定量注入する。滴定液の滴下によりセル内で化学反応が起これば，正または負の熱量が発生し，この熱量が高精度の熱流センサーで検出される。熱量の検出限界は主として恒温槽の温度制御性能によって決まり，恒温槽を $\pm 1.0 \times 10^{-6}$K で制御できる装置では 1 μW 程度検出感度があり，$\pm 10.0 \times 10^{-9}$K の温度領域で制御可能な恒温槽を持つ装置では 10nW 程度が検出限界となる。熱量滴定装置の詳細な構造は［2］等に詳しく記述されている。

一例として熱量滴定装置を用いてウラニル（VI）イオンとジカルボン酸等の錯生成反応の熱力学量を決める場合，反応セルに 1mM − 10mM 程度のウラニル過塩素酸溶液を満たし，ジカルボン酸を滴定液として逐次滴加して発生熱量を測定する。得られる発生熱量には滴定液の滴加による希釈熱，滴定液中のジカルボン酸と金属イオンとの錯生成反応熱およびジカルボン酸のプロトン化反応熱および水分子の生成反応（$H^+ + OH^- \Leftrightarrow H_2O$）の反応熱が含まれるのでこれらを考慮する必要がある。i番目の滴定点での反応熱量 は以下のように与えられる。

$$Q_i^r(cal.) = \Delta H_{m1}(\nu_i^{ML} - \nu_{i-1}^{ML}) + (\Delta H_{m1} + \Delta H_{m2})(\nu_i^{ML_2} - \nu_{i-1}^{ML_2}) + (\Delta H_{m1} + \Delta H_{m2} + \Delta H_{m3})(\nu_i^{ML_3} - \nu_{i-1}^{ML_3}) + \Delta H_{p1}(\nu_i^{HL} - \nu_{i-1}^{HL}) + (\Delta H_{p1} + \Delta H_{p2})(\nu_i^{H_2L} - \nu_{i-1}^{H_2L}) + \Delta H_{H_2O}(\nu_i^{H_2O} - \nu_{i-1}^{H_2O}) \tag{11-3}$$

ここでΔH_{mj}はj段目の錯生成（$ML_{j-1} + L = ML_j$）エンタルピー，νはi番目の滴加後の右肩に示した化学種の物質量である。ΔH_{H2O}は水分子の生成エンタルピーであり，ΔH_{p1}，ΔH_{p2}は配位子であるジカルボン酸の1段目及び2段目のプロトン化エンタルピーである。滴定中の各化学種の平衡状態での物質量ν（mol）は溶液内で起こりうる各反応の平衡定数を用いた質量作用式（平衡式），および物質収支式を連立させて計算により求める。通常は，ΔH_{H2O}やΔH_{p1}，ΔH_{p2}は別途実験により決定した後に，その値を用いて，錯生成エンタルピーΔH_{mj}の決定を行う。この結果，錯生成反応を対象とした熱量滴定の結果得られる反応熱量$Q^r{}_i$ (*cal.*) に対して式（11-3）の右辺では未知の変数は錯生成エンタルピーΔH_{mj}のみとなり，これをパラメータとして，実験で得た反応熱を式（11-3）に対して非線形最小二乗法によってフィッティングさせることで決定することが出来る。このような実験を行った例を図11.3に示す。ここでは，反応セル内に1.0mlの0.005mol/L UO_2^{2+}の弱酸性溶液がセットされ，ここに0.07 mol/Lチオジグリコール酸ナトリウムの溶液を滴加する熱量滴定が行われている。

図11.3の上図が熱量滴定によって直接得られるデータであり，滴定液の滴加ごとに錯生成反応が起こり，熱流束がパルス状に観測されている。滴加後200秒程度で反応が平衡状態に到達し熱発生が終了している。観測された熱流束を時間に対して積分し，希釈熱を差し引いたのち－1を掛けて各滴定点で反応系が得た熱量に変換した結果が図11.3の下図である。このプロットに対して式（11-3）をフィッティングさせてウラニル（VI）－チ

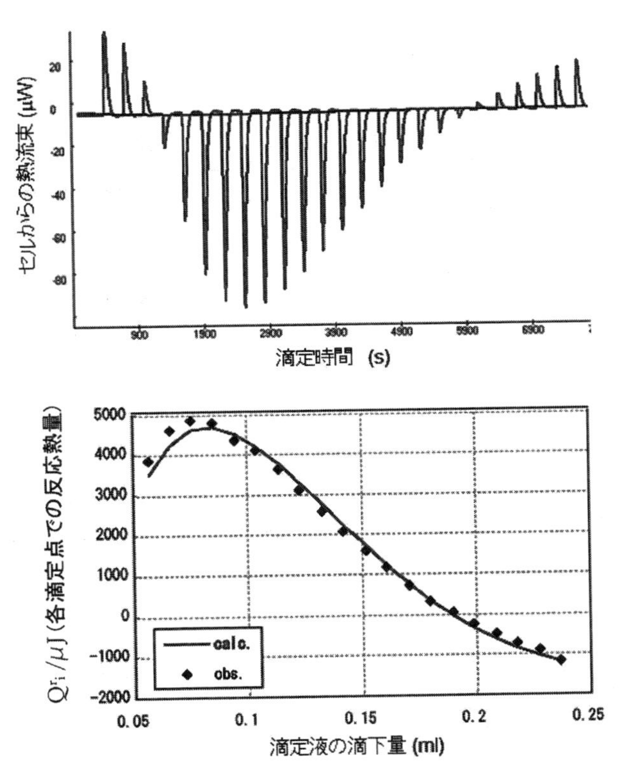

図 11.3　熱量滴定によるウラニルイオン UO_2^{2+} とチオジグリコール酸 $C_4H_6O_4S$ の錯生成エンタルピーの決定（上：熱量滴定の出力　下：結果の解析図）

オジグリコール酸の第一錯生成エンタルピーを決定したところ，$\Delta H_{m1} = 19.80 \pm 0.64$ kJ/mol であった［2］。このエンタルピー値と電位差滴定により決定した錯生成定数より換算したギブス自由エネルギー $\Delta G_{m1} = 15.92 \pm 0.04$ kJ/mol との差（$\Delta H_{m1} - \Delta G_{m1} = T\Delta S_{m1}$）より，この錯生成反応のエントロピーについても $\Delta S_{m1} = 119.9 \pm 2.3$ J/K･mol と導出された［2］。この例に示したように熱量滴定法ではウランや他の金属イオンの反応のエンタルピー値を高い精度で決定することが出来る。この特徴を活かして多くのウランの溶液内反応に関して本手法が適用され，熱力学基本量である ΔG,

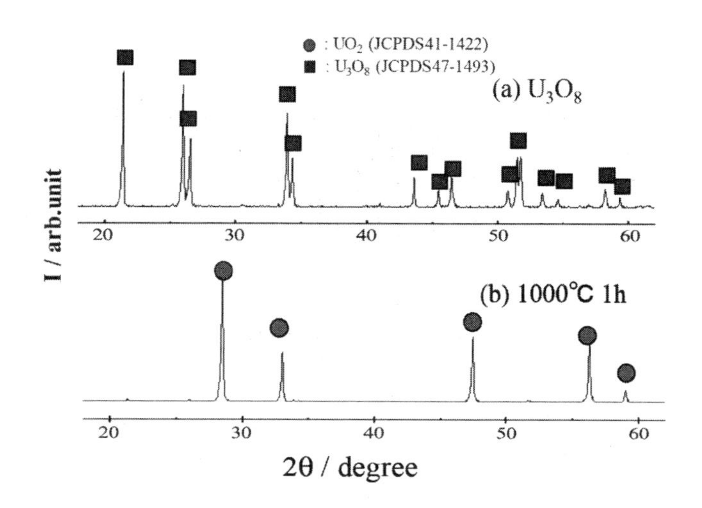

図 11.4　U_3O_8 (a) および水素還元処理後 (b) の X 線回析結果

ΔH，およびΔSの決定がなされ，これに基づく反応のメカニズムや錯体の構造に関する研究が展開されている [3，4]。

11.2　物理的手法

(1) X 線回折法

結晶表面に波長λのX線を照射すると，結晶内部の面間隔dをもつ結晶面で回折された反射波は，以下のような関係式に従う。aは結晶の格子定数であり，h，k，lは回折面の面指数（ミラー指数）である。

$$\sin^2\theta_{hkl} = (\lambda / 2a)(h^2 + k^2 + l^2) \tag{11-4}$$

粉末X線回折法では，平板上の粉末試料表面にX線を照射し，試料をθ°で回転しながら，回折X線強度をNaIあるいは半導体検出器を2θで移動（スキャン）させながら測定して回折パターン得る方法である。図 11.4

(a) にはU_3O_8試料にCu-Kα線を照射して得られた回折パターンを示す。この場合はスキャン速度が5°/min，測定範囲が$2\theta = 20 - 60°$である。このパターン中の各ピークの位置および強度を標準データ（JCPDF41-1422）と比較するとU_3O_8相のピークに一致していることが分かる。

また，図11.4（b）に示したようにU_3O_8を水素雰囲気にて1000℃，1時間加熱処理した後の試料のX線回折結果をみると，U_3O_8相のピークは消滅し，5本のピークはいずれもUO_2相に該当する。このことから，U_3O_8の水素還元によりUO_2となったことが分かる。

$$U_3O_8 + 2H_2 \rightarrow 3UO_2 + 2H_2O \tag{11-5}$$

このように，X線回折法では，非破壊で試料の相関係や構造を知ることができる。しかし，共存する割合が低い相や，ウランに対し原子番号の低い元素については，十分なピーク強度が得られず，相関係の解析が難しい場合がある。

(2) 放射線計測

ウランは存在する全ての同位体が放射性核種であるため，放出される放射線を計測してウランの存在量を定量することが可能である。もっとも一般的な放射線計測方法はGe半導体検出器を用いたγ線スペクトロメトリーである。γ線スペクトロメトリーによるウランの分析は溶液でも固体試料でも可能であるが，溶液と固体試料ではγ線の自己吸収効率（試料より放出されたγ線が試料自体に吸収される効率）が異なるため，それぞれの性状の標準試料（^{235}Uおよび^{238}U含有量が既知の試料）を用意し，検出器の各エネルギーのγ線に対する検出効率を求めておく必要がある。γ線スペクトロメトリーでは，単位時間当たりの着目γ線ピークのカウント数C (cps) と試料中の対象核種の放射能量A (Bq) の関係は以下の式で表わされる。

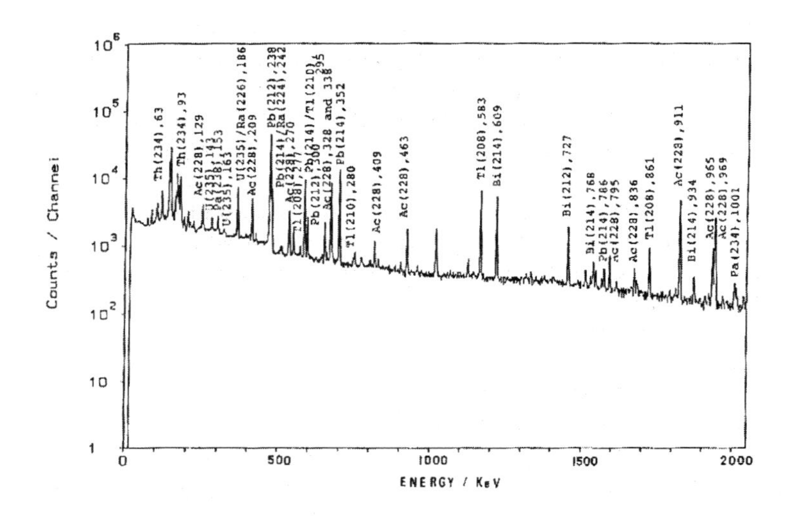

図 11.5　ブラジル産カーボナタイト粉末のγ線スペクトル［5］

$$C(cps) = \varepsilon \times I\gamma \times A(Bq) \tag{11-6}$$

ここで，εは検出器の検出効率（試料より放出されたγ線が検出される効率）であり，γ線のエネルギーおよび試料の性状や幾何学形状等に依存するため，標準試料を測定して決定する係数である。またIγは各γ線の放出割合であり，主要なものは核種のデータベース等に収録されている。ウランを含有する試料のγ線スペクトロメトリーによる定量の一例として，希土類鉱石であるブラジル産カーボナタイト粉末のγ線スペクトルを図 11.5 に示す［5］。スペクトル中には数多くのピークが見られるが，^{235}U，^{226}Ra および ^{238}U，^{232}Th の娘核種等が同定された。^{238}U，^{232}Th，^{226}Ra については半減期が著しく長いため，化学処理後に充分な時間が経っていれば，半減期 $t_{1/2}$ の短い娘核種（それぞれ ^{234}Th : t1/2 = 24.1 d，^{229}Ac : $t_{1/2}$ = 6.13 h，^{214}Pb : $t_{1/2}$ = 2.68 m）との間に放射平衡を仮定することができる。これを用いて娘核種のγ線強度から親核種の含有量を求めることができる。これにより図 11.5 のγ線スペクトルを解析した結果，この

希土類鉱石には ^{238}U が1.1Bq/g，^{232}Th が7.4Bq/g，^{236}Ra が0.16Bq/g 含まれていたことが分かった［5］。

γ 線スペクトロメトリー以外の放射線計測によるウラン分析法として，α 線検出器であるSi障壁型半導体検出器（SSD）や液体シンチレーションカウンター(LSC）を用いた α スペクトロメトリーが挙げられる。近年，材料中に不純物として極微量含まれるウランやトリウムおよびその子孫核種等の α 線放出核種の存在により，製品の半導体がソフトエラーを引き起こすことが問題となっているが，α 線を直接検出する α スペクトロメトリーは，この問題への対策としても有用な分析法と言える。α 線は空気中の飛程が4cm程度であり，紙一枚で遮蔽されてしまう放射線であるため，固体試料の直接分析は α 線の自己吸収により極めて難しく，固体試料の場合，通常は酸やアルカリで溶解した溶液試料を出発物質として分析する。LSCによる分析では，溶液試料をシンチレーションカクテルに直接混合させるため，幾何学的効率は 4π となる。このため，α 線と β 線のシンチレーションシグナルが弁別可能な測定システムを用いれば，α 線の計数効率は，ほぼ100％であり，標準試料を用いることなく，全 α 放射能の絶対測定が可能である。しかしながらこの測定法の場合，α 線ピークの半値幅が200～400keV程度大きく，エネルギー分解能が低いため，多種の α 線放出核種が含まれる場合は，スペクトル中の α 線のピークが重なってしまい，「どの核種が，何Bq含まれている」といった分析結果を得ることは難しい。これに対して，極めて高いエネルギー分解能を持つSi障壁型半導体検出器（SSD）は非常に強力なツールとなる。SSD測定では一般に溶液試料を金属板に蒸着や電着させ，これを半導体検出器のある真空チャンバー内に入れ，真空状態で測定を行う。この際，試料と検出器の間の幾何学的関係や α 線の自己吸収効率は試料ごとに変化するため，α 線の検出効率は測定試料ごとに異なる。このため，高い精度で定量分析を行う際は，何らかの内部標準放射能を含有させる必要がある。水酸化サマリウム内部標準法［6］は，溶液試料中のウラン等の核種を微量の水酸化サマリウム沈殿により共沈させ，この沈殿をフィルター上に回収し乾燥させた

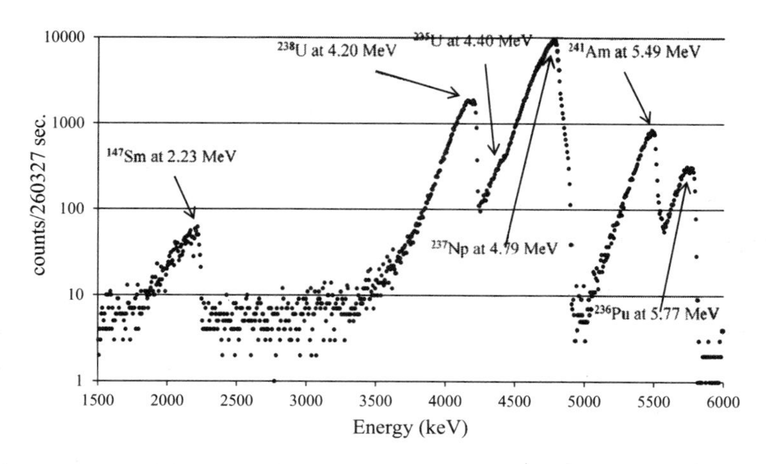

図 11.6　水酸化サマリウム内部標準法による天然ウランを含む溶液試料のα線スペクトル測定結果［7］

後，直接 SSD 測定の試料とする方法であるが，共沈剤のサマリウムに天然存在比 14.9%で含まれる天然放射性核種でα崩壊をする ^{147}Sm を内部標準物質としてα線の検出効率の導出に用いることができるため，溶液試料のα線スペクトロメトリーに適したユニークな分析方法である。この方法の実施例として，^{238}U，^{237}Np，^{241}Am，^{236}Pu という 4 種類のα線放出核種を含む試料溶液 0.3ml を分析したα線スペクトルを図 11.6 に示す［7］。

真空チャンバーと半導体検出器を用いたα線測定の場合，測定のバックグラウンドシグナルは極めて低いためα線強度の低い試料でも長時間測定を実施することにより明瞭なスペクトルを得ることができる。図 11.6 のスペクトルには ^{238}U，^{237}Np，^{241}Am，^{236}Pu のピークが重なることなく検出された。試料には既知量の Sm が内部標準物質として添加されているため，天然放射性核種 ^{147}Sm のα線ピークが 2.23MeV の位置に現れる。この内部標準である ^{147}Sm のピークの面積から，測定試料のα線検出効率を計算することが出来る。この測定の場合の検出効率は約 9%であった。ここから得られた検出効率値と各核種のピーク面積値を用いて各核種の試料溶液に含まれるウラン他のα線放出核種放射能濃度を計算したところ，^{238}U が 5.39 Bq/ml，^{237}Np が 29.3 Bq/ml，^{241}Am が 2.99 Bq/ml，^{236}Pu が 0.97 Bq/ml と定量された［7］。

11.3　分光学的方法

(1) ラマン分光法

分子に光が当たると散乱光が発生する。入射光と同じ波長の散乱光をレイリー散乱と呼ぶが，散乱光の中には，波長の異なるものが含まれており，これがラマン散乱と呼ばれる散乱光である。ラマン散乱は，分子振動により誘起され，分子構造の情報を含む。しかも固体に限らず，液体の測定も可能であるため，非常に有効な分光法である［8］。ウランを対象とするラマン分光測定は，ラマンが論文を発表した 10 年ほど後の 1938 年にはすでに行われている。最近では，顕微分光法の発展により，微量のウランの分析に利用されるケースも増えてきている。

ウラン酸化物は，UO_2，U_3O_8，UO_3 など様々な組成のものが知られており，その結晶系，物性などよく知られている。また，ウランと酸素比が整数にならない，不定比，過定比の酸化物についても，生成条件，性質など知られている（第 4 章参照）。図 11.7 に U_3O_8 および UO_2 の固体ラマンスペクトルを示す［9］。図中上部のスペクトルは U_3O_8 のスペクトルで，248，412，743cm^{-1} など U_3O_8 に帰属されるピークが観測され，下部のスペクトルでは，UO_2 に特徴的な 445，1148 cm^{-1} などのピークが観測される［10］。このようにウラン酸素比によってラマン散乱準位は異なるため，それぞれの化合物の同定が可能となる。また，顕微分光法と組み合わせることで，ウランの原子価情報などを含む化学状態を局所的にも解明することが可能で，今後，ラマン分光法の役割はますます重要となってくる。

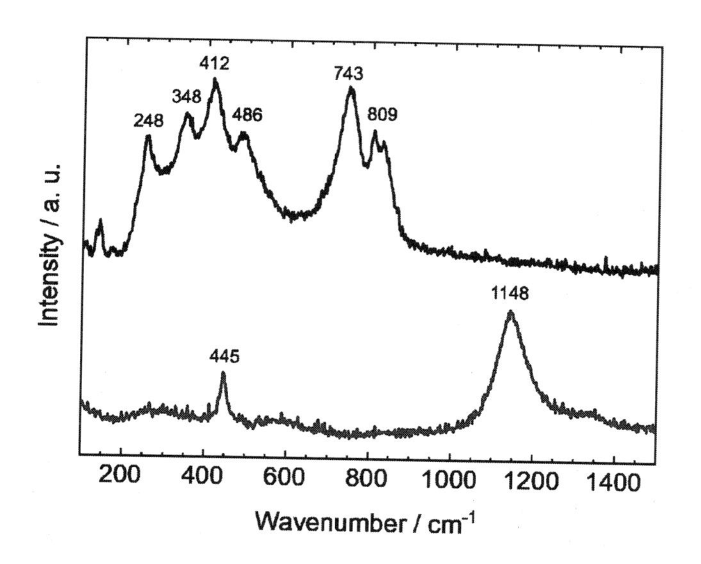

図11.7　UO_2 および U_3O_8 のラマンスペクトル［9］

(2) メスバウアー分光法

メスバウアー分光法は，原子核が γ 線によって共鳴する現象を利用する分光法である［11,12］。したがって，γ 線とそのエネルギーに共鳴する原子核があって初めて成り立つ測定法である。最も研究例が多く，扱いやすい原子核は鉄原子で，メスバウアー分光法の研究例の6割は，鉄を対象としている。しかしながら，アクチノイドの性質を調べるうえで，アクチノイド核のメスバウアー核も，物性研究では重要な役割を果たしている。

表11.1にウランと鉄のメスバウアー遷移に関する性質を示す。
メスバウアー分光に適した原子核は，^{234}U，^{236}U，^{238}U であるが，メスバウアー遷移の自然幅が大きく，また，内部転換係数が非常に大きいため，微弱なガンマ線を測定する必要があるため，測定に時間を要すことなどから，非常に限られた数の報告にとどまっている。しかしながら，核磁気共鳴法（NMR）の測定を併せて行い，第1励起準位における核磁気モーメ

表 11.1　ウランと鉄のメスバウアー遷移に関する性質

	^{234}U	^{236}U	^{238}U	^{57}Fe
E_γ [keV]	43.49	45.24	44.91	14.412
I_e	2^+	2^+	2^+	$3/2^-$
I_g	0^+	0^+	0^+	$1/2^+$
μ_e [μN]	0.5	0.5	0.5	− 0.155
μ_g [μN]	0	0	0	+ 0.090
Q_e [barn]	− 3.0	− 3.0	− 3.2	0.2
Q_g [barn]	0	0	0	0
$T_{1/2}$ [nsec]	0.25	0.23	0.21	99.3
Γ [mm/sec]	24	26	27	0.192
α_T	780 ± 55	607 ± 29	625	8.17
σ_0	0.008	0.01	0.01	2.57
τ_s	86 yr	6.58×10^3 yr	3.79×10^5 yr	270 days

E_γ：メスバウアー遷移の共鳴エネルギー，I_e：メスバウアー核の励起状態の核スピン，I_g：メスバウアー核の基底状態の核スピン，μ_e：メスバウアー核の励起状態の核磁気モーメント，μ_g：メスバウアー核の基底状態の核磁気モーメント，Q_e：メスバウアー核の励起状態の核四極子モーメント，Q_g：メスバウアー核の基底状態の核四極子モーメント，：$T_{1/2}$ メスバウアー核の励起状態の半減期，Γ：メスバウアー遷移の自然幅，α_T：内部転換係数，σ_0：散乱断面積，τ_s：線源の寿命

ントを決定するなど，一定の役割を担ってきた [13]。

したがって，メスバウアー分光法を利用した物性研究においては，ウランをプローブ核とするのではなく，鉄が混在するウランの物質において，^{57}Fe をプローブし，ウランの状態を決定することで，様々な分野，特に固体バルクでの原子価の同定などで利用されている。例として，近年の報告を紹介する。

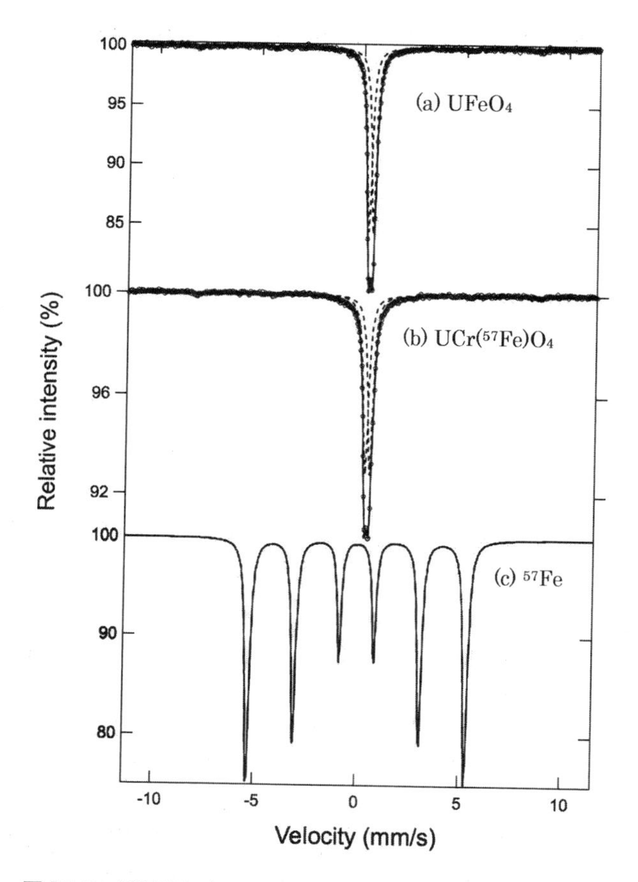

図11.8　透過法によって測定した ^{57}Fe メスバウアースペクトル
（JAEA 中田正美氏測定および作成）

U_3O_8 と Fe_3O_4 とを出発物質（原子比率 U：Fe = 1：1）として，真空封管中において1050℃で2週間反応させて調製したウラン－鉄酸化物（$UFeO_4$），UO_2 と Cr（金属）を出発物質として，メスバウアー分光測定のプローブとして同位体濃縮鉄（$^{57}Fe_2O_3$）を添加し（原子比率 U：Cr：Fe = 1：0.95：0.05），2%－O_2 雰囲気において1200℃で24時間の加熱処理で調製したウラン‐クロム（鉄）酸化物（UCr（^{57}Fe）O_4）の ^{57}Fe メスバウアースペクトルをそれぞれ図11.8（a），（b）に^{57}Fe（c）と比較して示す。$UFeO_4$および$UCr(^{57}Fe)O_4$は，同様のメスバウアースペクトルが観測され，基準試料である純鉄に比べてスペクトル重心位置にシフトが見られた。このシフトはアイソマーシフトと呼ばれ，鉄の原子価状態によって異なる。$UFeO_4$および$UCr(^{57}Fe)O_4$で得られたアイソマーシフトは0.39 mm/sであり，このアイソマーシフト値から，これらの化学構造に含まれる鉄の原子価は3価であることがわかる。また，$UCr(^{57}Fe)O_4$の^{57}Feのスペクトルの類似性は，$UFeO_4$と$UCrO_4$が同一の結晶構造を取っていることとも整合する。したがって，$UFeO_4$および$UCr(^{57}Fe)O_4$の鉄の原子価から，Uは5価であることが理解される。このように，メスバウアー分光法で鉄の原子価を決めることによりバルク中のウランの原子価状態も決めることができるため，鉱物の研究やガラス固化体中でのウランの状態を調べるプローブとして利用されており，今後は福島第一原発事故のデブリの性状把握などでも利用可能な測定法として期待されている。

［参考文献］

［1］日本熱測定学会編：熱量測定・熱分析ハンドブック，丸善（1998）

［2］Akira Kirishima, Nobuaki Sato, Determination and comparison of the thermodynamic quantities of U（VI）complexation with "aliphatic" and "aromatic" di-carboxylic acids by calorimetry, J. Chem. Thermodynamics 70（2014）227–232

［3］Lingfen Rao, et al, Complexation of Uranium（VI）and Samarium（III）with oxydiacetic acid: Temperature effect and coordination modes, Inorg. Chem. 42（2003）3685–3692.

［4］Akira Kirishima, et al, Thermodynamic study on the U（VI）complexation with dicarboxylates by calorimetry, Radiochimica Acta, 96,（2008）581-589.

［5］N. Sato A. L. C. Bazan and M. Nanjo, SENKEN IHO, 44（1988），203-213.

［6］H. Kikunaga, Y. Kasamatsu, K. Takamiya, Y. Ohtsuki, H. Yuki, A. Yokoyama, T. Nakanishi, T. Mitsugashira, Development of a rapid source preparation method for high-resolution α-particle spectrometry. Appl. Radiat. Isotopes, 67,（2009），539–543.

［7］Akira Kirishima, Masahiko Hirano, Takayuki Sasaki, Nobuaki Sato, Leaching of actinide elements from simulated fuel debris into seawater, Journal of Nuclear Science and Technology,52，（2015），1240–1246.

［8］濱口宏夫，岩田耕一：ラマン分光法　講談社（2015）

［9］蓬田匠，大内和希，松村大樹，辻卓也，小林徹，北辻章浩，放射化学41，41-4,（2020）

[10] F. Pointurier, O. Marie, Identification of the chemical forms of uranium compounds in micrometer-size particles by means of micro-Raman spectrometry and scanning electron microscope, Spectrochim. Acta B65, 797-804 (2010)
[11] 佐野博敏，片田元己　メスバウアー分光法　基礎と応用　学会出版センター (1996)
[12] 大塩寛紀編　金属錯体の機器分析　下　三共出版 (2012)
[13] 筒井智嗣　アクチノイド化合物のメスバウアー分光　Radioisotopes 67, 417-426 (2018)

第12章　核燃料サイクル

12.1　フロントエンドとバックエンド [1-3]

ウランを原子炉で利用する場合，天然資源である鉱石から分離・精製して燃料に加工する。原子炉での燃焼中に新たな燃料となるプルトニウムを生成するので，使用済燃料からプルトニウムと未燃焼のウランを分離回収(再処理) して，残渣は放射性廃棄物として処理・処分する。鉱石から再利用，廃棄するまでの工程を核燃料サイクルと呼び，フロントエンド，原子炉で使用後の工程をバックエンドと呼ぶ。図12.1には核燃料サイクルに係る各工程のフローを示す。まず，鉱石から湿式プロセスによりウラン酸化物を得る。次に，他の製錬プロセスと異なる点として，天然ウランに0.7%含有する ^{235}U を，軽水炉で燃焼するために，3%程度に高める濃縮工程と，濃縮前後に転換，濃再転換工程が必要なことである。濃縮されたウラン酸化物粉末から還元により UO_2 燃料ペレットを製造，さらにジルカロイ被覆管にヘリウムを封入して，燃料棒とする。燃料棒をチャンネルボックスに束ねて燃料集合体とし，原子炉内に装荷して燃焼させる。燃焼後の使用済燃料は，原子炉から取り出して短半減期核種を減衰させるた

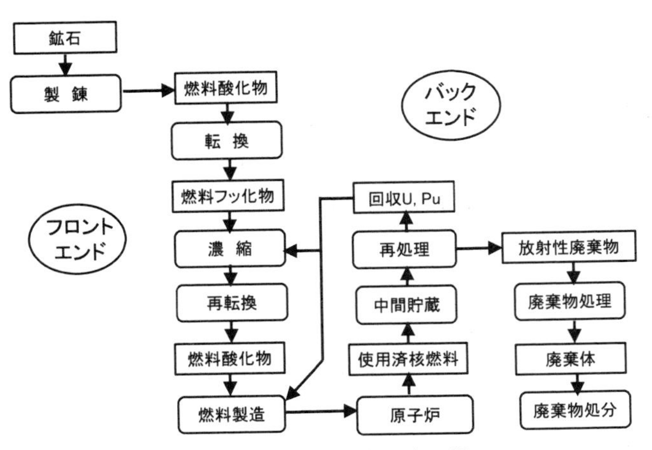

図12.1　核燃料サイクルに係る各工程のフロー

めに，数年間水冷により中間貯蔵する。再処理工程では，使用済燃料を化学処理によりウランおよびプルトニウムの燃料成分と核分裂生成物（FP）やマイナーアクチノイド（MA）等放射性物質を分離し，回収ウランおよびプルトニウムは燃料製造工程にて，MOX等燃料に供する。燃焼により ^{235}U 品位が低下した回収ウランは濃縮工程で，濃縮度の調整原料として使用される。一方，再処理工程で分離されたFPやMAを含む残渣は，放射性廃棄物として，ガラス固化等の処理による廃棄体を経て処分される。

12.2　製錬

ウラン製錬では，まず，鉱山の山元にて，ジョークラッシャーやコーンクラッシャーによりウラン鉱石を段階的に粉砕し，シリカや石灰等脈石鉱物を選鉱により分離・濃集する。次に酸あるいはアルカリを用いてウランの浸出を行う。

(1)　硫酸浸出

鉱石中に共存する石灰は硫酸と反応して石こうを生成して消費するため，石灰量の少ない鉱石に適用される。図12.2に工程のフローを示す。鉱石中のウランを酸化溶出させるために，空気や Fe^{3+} など酸化剤を添加する。溶解反応は次式になる。

$$UO_3 + H_2SO_4 = UO_2^{2+} + SO_4^{2-} + H_2O \quad (12\text{-}1)$$

$$UO_2 + H_2SO_4 + 2H^+ = U(SO_4)^{2+} + 2H_2O \quad (12\text{-}2)$$

$$2U(SO_4)^{2+} + O_2 + 2H_2O = 2UO_2(SO_4) + 2H^+ \quad (12\text{-}3)$$

$$UO_2 + 2Fe^{3+} = UO_2^{2+} + 2Fe^{2+} \quad (12\text{-}4)$$

また，黄鉄鉱（FeS_2）を含む場合にはオートクレーブを用いる加圧浸出により FeS_2 を分解し，生成する硫酸をウラン浸出に使用できる。

$$7FeS_2 + 7O_2 + 2H_2O = 2FeSO_4 + 2H_2SO_4 \quad (12\text{-}5)$$

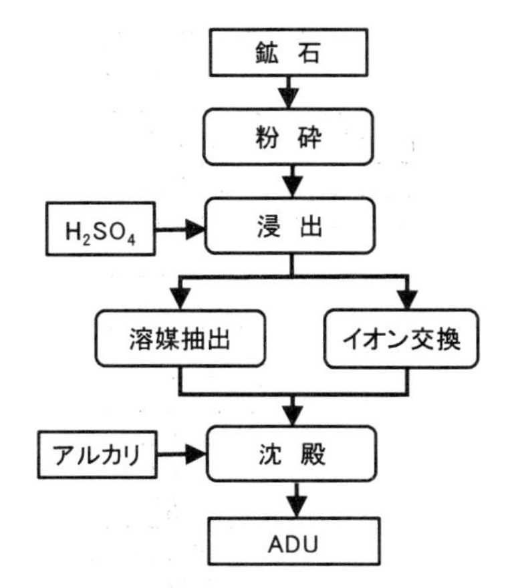

図 12.2　硫酸浸出による処理工程のフロー

浸出液のウランを溶媒抽出あるいはイオン交換により分離する。前者の場合，ウランは D2EHPA（di-2-ethylhexyl phosphoric acid）などリン酸および抽出剤と錯体を生成し，これを，有機相中へ抽出後，再度，水相へ逆抽出して分離する。

$$UO_2^{2+}(aq) + 2(RO)PO_2H(org) = UO_2[PO_2(OR)_2]2(org) + 2H^+(aq) \quad (12\text{-}6)$$

一方，後者のイオン交換の場合には，陽イオン交換樹脂を用いて UO_2^{2+} を吸着，溶離する。重ウラン酸ナトリウム（ADU）を生成する。

(2)　アルカリ浸出

アルカリ浸出法は酸浸出法が適用できない，石灰量の多い鉱石に適用される方法で，鉱石中のウランを Na_2CO_3 により炭酸ウラン塩として溶解する方法である。工程のフローを図 12.3 に示す。反応は次式のようになる。UO_2 の場合には酸化剤を必要とする。

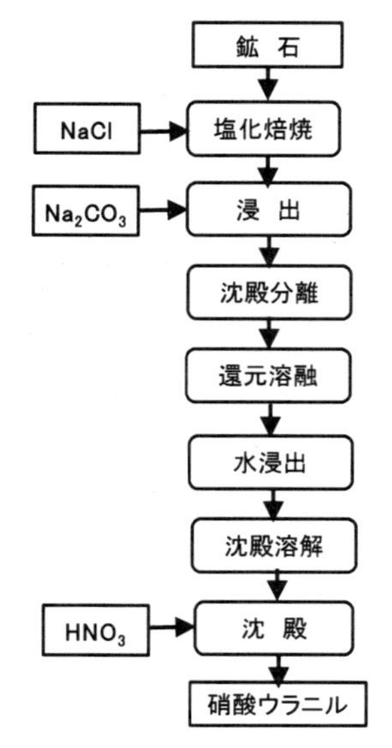

図 12.3　炭酸浸出による鉱石処理工程のフロー

$$UO_3 + Na_2CO_3 + 2NaHCO_3 = 4Na^+ + UO_2(CO_3)_3^{4-} + H_2O \quad (12\text{-}7)$$

$$2UO_2 + O_2 + 2Na_2CO_3 + 4NaHCO_3 = 8Na^+ + 2UO_2(CO_3)_3^{4-} + 2H_2O \quad (12\text{-}8)$$

次に，ウランを選択的に沈殿させ，さらに還元により水に不溶の酸化物として，一方で，可溶性不純物を分離する。続いて硝酸によりU酸化物を溶解し，さらに沈殿・溶解を行って，最終的に硝酸ウラニル（イエローケーキ）で回収する。

(3) 精製

上記により得られたイエローケーキを酸溶解して，イオン交換や溶媒抽出等の方法により精製して，ウラン純度を高める。最終的に硝酸ウラニル水和物（Uranium Nitrate Hydrate，$UO_2(NO_3)_2 \cdot 6H_2O$）として回収する方法を（UNH）法といい，また，重ウラン酸アンモニウム（Ammonium Di-Uranate，$(NH_4)_2U_2O_7 \cdot 2H_2O$）として回収する方法をADU法と呼ぶ。UNH法の方がろ過しやすい沈殿であるが，ADU法の方がより微細な結晶で粘性があるものの，焼結性のよいUO_2粉末が得られる。ADUあるいはUNHを500℃以上で熱分解させてUO_3とし，さらに800℃以上における水素還元によりUO_2粉末とする。

$$UO_2(NO_3)_2 \cdot 6H_2O \rightarrow UO_3 + NO + NO_2 + O_2 + 6H_2O \qquad (12\text{-}9)$$

$$(NH_4)_2U_2O_7 \cdot 2H_2O \rightarrow 2UO_3 + 2NH_3 + 3H_2O \qquad (12\text{-}10)$$

$$UO_3 + H_2 \rightarrow UO_2 + H_2O \qquad (12\text{-}11)$$

12.3　転換―再転換［2-5］

濃縮工程では，UF_6を使用するため，酸化物からフッ化物の転換が必要となる。また，濃縮後には再び，フッ化物から酸化物への再転換が必要となる。転換―再転換のフローを図12.4に示す。

(1)　転換

まず，転換工程では鉱石からの硝酸ウラニルを低温で熱分解させて得たUO_3をHFと低温で反応させてフッ化ウラニル（ウランO_2F_2）を得る。高温で反応させると直接UF_4を得る。

$$UO_3 + 2HF \rightarrow UO_2F_2 + H_2O \qquad (12\text{-}12)$$

$$UO_3 + 6HF \rightarrow UF_4 + 3H_2O \qquad (12\text{-}13)$$

この後，フッ素との反応によりUF_6を生成する。

$$UO_2F_2 + 2F_2 \rightarrow UF_6 + 2O_2 \qquad (12\text{-}14)$$

$$UF_4 + F_2 \rightarrow UF_6 \qquad (12\text{-}15)$$

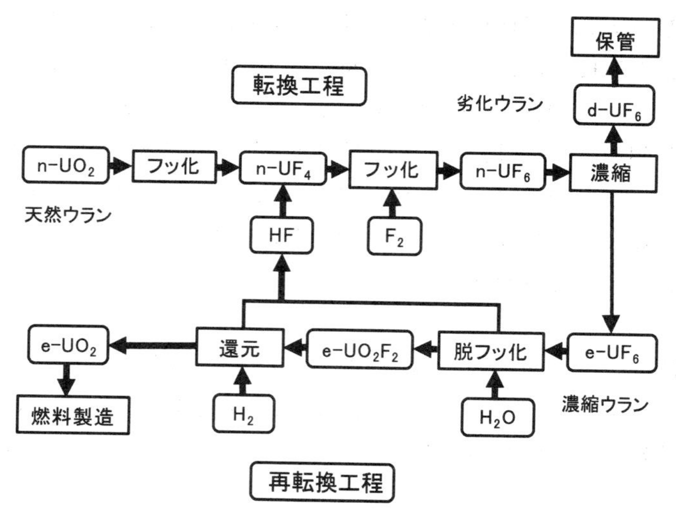

図 12.4　転換—再転換工程のフロー

HF を用いると U（VI）から U（IV）へ還元フッ化を行うことができ，また，F_2 を用いると U（IV）から U（VI）への酸化フッ化が可能である。UF_6 製造の原料として，酸化物の他，金属，炭化物，窒化物等種々のウラニル塩があり，種々のフッ化剤が使用されるが，最終的に F_2 による反応が必要となる。工業的には HF の方が F_2 より廉価であり，できるだけ HF を用いてフッ化を進め，しかる後に F_2 により UF_6 を製造する。

(2) 再転換

濃縮後には ^{235}U の同位体比が天然ウランより高まった濃縮 UF_6 と，同位体比がそれ以下になった劣化 UF_6 を得る。この UF_6 から燃料としての UO_2 を生成する工程が再転換である。基本的に酸化物よりフッ化物が安定であり，フッ化物と酸素とは反応しない。よりフッ素と結合が強い HF を生成する反応により酸化物へ再転換する。UF_6 と水蒸気との反応は次式のようになる。

表12.1　ウラン濃縮法の種類と特徴

分類	名称	分離方法	対象
個別法	電磁法	磁場中におけるイオンの移動量の差	$^{235}U-^{238}U$
	レーザー法	同位体間の励起状態の差を利用	$^{235}UF_6-^{238}UF_6$（分子法） $^{235}U - ^{238}U$（原子法）
統計的分離法	ガス拡散法（不可逆的）	隔膜を経由する気体分子の拡散の差	$^{235}UF_6-^{238}UF_6$
	ノズル法（不可逆的）	高速気体分子のノズル噴出時の遠心力	$^{235}UF_6-^{238}UF_6$
	遠心分離法（可逆的）	高速回転における気体分子の遠心力	$^{235}UF_6-^{238}UF_6$
	化学交換法（可逆的）	同位体間の酸化・還元性の差を利用	$^{238}U^{4+} + ^{235}U^{6+} \rightleftarrows ^{238}U^{6+} + ^{235}U^{4+}$

$$UF_6+2H_2O \rightarrow UO_2F_2+4HF \quad (12\text{-}16)$$

$$UO_2F_2+H_2O \rightarrow UO_3+2HF \quad (12\text{-}17)$$

生成したUO_3は水素還元によりUO_2とする。劣化UF_6は酸化物への転換処理せずに，UF_6のまま容器に保管している場合がある。

12.4　濃縮［11］

ウランの濃縮法としては種々開発されており，表12.1には各濃縮法の概要を比較した。個々のウラン原子，分子に直接作用する個別法と，1回あたりの分離度は低いが多段化により濃縮度を高めていく統計的分離法がある。初期には軍事用に高濃縮ウランが必要とされたため，電磁法が開発されたが，後に量産可能なガス拡散を利用する統計的分離法が開発された。遠心分離法は技術的には難しいものの，ガス拡散法やノズル法に比べ，分離係数を高められることから，現在はこの方法が主流となっている。以下，遠心分離法について述べる。

遠心分離法においては回転体中心部より原料UF_6を投入し，高速回転させると，遠心力により重い$^{238}UF_6$分子が外側に移動し，その結果，内側

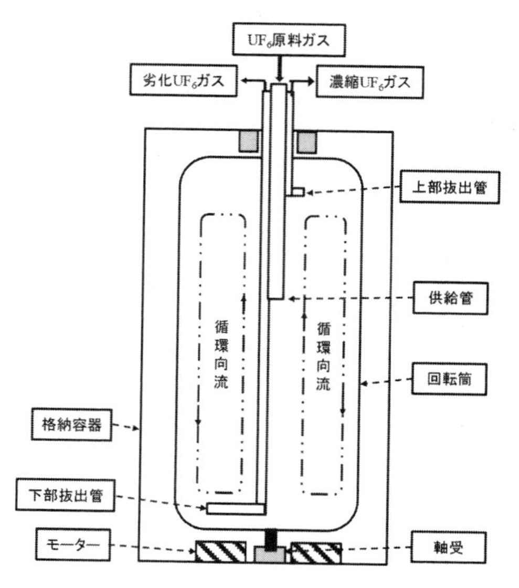

図 12.5　遠心分離機の概略図

には ^{238}U 濃度が薄まった，つまり，^{235}U が濃縮された UF_6 ガスが得られる。例えば，分子量 M の $^{235}UF_6$ 気体が回転体に供給したとき，分離係数は質量差と周速 ν に依存し，次式で与えられる。

$$\alpha = \exp\{(M(^{238}UF_6) - M(^{238}UF_6)(\nu)^2/2RT\} \tag{12-18}$$

今，周速（ωr），T をそれぞれ 400m/s，310K とすると，M ($^{238}UF_6$) − M ($^{238}UF_6$) = 3 なので，α= 1.098 となり，ガス拡散法の 1.0043 と比べると大きい。また，遠心分離法の α は周速の 2 乗の指数関数値に比例するから，周速を上げると α は指数関数的に増加する。このため金属系素材を用いて回転数の増加と分離器の長尺可により，分離効率の増加を図ってきた。向流型遠心分離機の概略を図 12.5 に示す。前段の遠心分離器からの原料 UF_6 ガスを遠心機の中心より高速回転する遠心機中心部へ供給する。遠心

力により重い $^{235}UF_6$ ガスは外側に濃集し，軽い $^{235}UF_6$ ガスは内部にとどまる。さらに重力の影響で生じる循環向流により，重い $^{235}UF_6$ ガスは下方に溜まりやすくなる。したがって，下部抜出管より原料 UF_6 ガスより $^{238}UF_6$ 濃度が高まった劣化 UF_6 ガスが，また，上部抜出管より UF_6 ガスより $^{235}UF_6$ 濃度が高まった濃縮 UF_6 ガスが分離回収される。それぞれのガスを次段の遠心分離器の原料ガスとして送り，段数を重ね，調整することにより，所定の $^{235}UF_6$ 濃度を持つ濃縮 UF_6 ガスを製造できる。天然Uから軽水炉用の3％程度への濃縮するために，数万～数十万台の遠心機を必要する。高回転による分離器のエネルギー消費や長尺可による遠心機の振動等の課題から，軽量かつ高強度の炭素系複合材へ変わりつつある。

12.5　燃料製造［4-10］

(1) 炉型と燃料

原子炉に使用される核燃料は表12.2のように分類される。液体燃料は燃焼と燃料交換や再処理が連続的に行える利点があり，研究炉に利用されてきたが，高温液体の取扱など課題がある。現状の軽水炉では固体燃料のうち酸化物燃料がほとんどである。熱出力密度の高い研究炉や高速炉ではより冷却を必要とし，酸化物より熱伝導が良い，合金や窒化物燃料が利用されている。さらに，1000℃近くHeガスを扱う高温ガス炉用に分散型の被覆粒子燃料が開発されている。

次に，主な原子炉の炉型と燃料および被覆材，減速材，制御材の組み合わせについて表12.3に示す。軽水炉である加圧水型（Pressured Water Reactor ）と沸騰水型（Boiling Water Reactor）の炉では，運転圧力が異なるものの，同様の仕様である。新型転換炉（Advanced Thermal Reactor）では，重水を減速材に使用すると中性子経済がよくなり，天然ウランの他，低濃縮ウランとMOX燃料が使用できる。材料試験炉（Japan Material Testing Reactor）ではアルミ板中にウランケイ化物を埋め込んだ燃料が使用された。

これらに対し英仏で開発されたガス冷却炉（Gas Cooled Reactor および

表 12.2　核燃料の種類と特徴

分類	名称	名称	対象炉
固体燃料	金属燃料	金属	黒鉛炉
		合金（U-Al, U-Mo）	研究炉 高速炉
	セラミックス燃料	酸化物	軽水炉、高速炉 新型転換炉
		窒化物	高速炉
		炭化物	高速炉
		ケイ化物	重水炉
	分散型燃料	被覆粒子	高温ガス炉
		金属	研究炉
液体燃料	水溶液	硫酸溶液	研究炉
	溶融塩	フッ化物	溶融塩炉

表 12.3　原子炉型と燃料および被覆材，減速材，制御材

	燃料	濃縮度	被覆材	減速材	冷却材	制御材
PWR	UO_2	3.3% ^{235}U	Zircaloy-4	H_2O	H_2O	Hf/Ag-In-Cd
BWR	UO_2	3.3% ^{235}U	Zircaloy-2	H_2O	H_2O	B_4C
ATR	UO_2-PuO_2	1.5% ^{235}U 0.5% Pu	Zircaloy-2	D_2O	H_2O	ステンレス B_4C
JMTR	U_3Si_2 or U_3Si	20% ^{235}U	Al板	H_2O	H_2O	Hf
GCR	U合金	天然U	Magnox	Graphite	CO_2	B
AGR	UO_2	25% ^{235}U	Stainless	Graphite	CO_2	B
HTGR	$UC_2/ThC_2/U$	93% ^{235}U	Graphite	Graphite	He	B_4C
FBR	UO_2-PuO_2	劣化U 16-21% Pu	Stainless		Na	B_4C

表 12.4　ウラン燃料の種類と性質

	UO_2	PuO_2	MOX	UC	UN
密　度(g/cm^3)	10.96	11.46	11.10	13.61	14.32
金属密度(g/cm^3)	9.65	10.10	9.78	12.97	13.53
融　点(℃)	2865	2400	2700	2500	2800
熱伝導度(W/m K)	3	3	3	22	18
結晶構造	fcc蛍石			fcc岩塩	
格子定数(Å)	5.47	5.40	5.46	4.90	4.9

Advanced Gas-cooled Reactor）では黒鉛減速材を用い，CO_2で冷却している。また，高温ガス冷却炉（High Temperature Gas-cooled Reactor）はHeを冷却材として，1000℃近くの高温排ガスを加熱源として，化学プラントやガスタービン発電，地域暖房等に利用できる。これらの炉では速度の遅い中性子を用いて核分裂反応を行わせるため，核分裂後に発生する高速中性子の減速材が必要であり，炭化ホウ素（B_4C）やハフニウム（Hf）やカドミウム（Cd）が使われる。これに対し，高速中性子により^{235}Uの核分裂反応と，^{238}Uの中性子捕獲による^{239}Pu生成を行う高速増殖炉（First Breeder Reactor）がある。

次に，ウランセラミックス燃料の性質を比較して表12.4に示す。酸化物は蛍石型構造をとり，高温まで安定であるとともに，化学的にも安定である。ここでのMOXはUO_2-PuO_2混合燃料で，例えば$U_{0.8}Pu_{0.2}O_{1.95}$の組成をもつ固溶体である。酸化物燃料では，核分裂により発生するFP元素が，UO_2構造のUサイトに置換して固溶体を生成し，安定に閉じ込める機能も持つ。これに対し，UCやUNは高い電気伝導度を示すので，低融点かつ変態点をもつ金属Uにくらべ，高速炉用燃料として検討されている。

(1) 酸化物燃料

軽水炉で使用する酸化物燃料はUO_2燃料である。燃焼中の中性子経済を安定させるためにバーナブルポイズンとしてガドリニウムを添加した(U, Gd) O_2燃料もある。燃料体の製法には圧縮成形法（焼結ペレット）法がある。原料UO_2粉末の性質は焼結性や高温安定性，FPガス保持性，熱伝導度などから高密度がよい。焼結後のペレット密度をUO_2の理論密度10.97 g/cm^{3}に対する割合を%で表し，95%以上が望ましい。表12.5にはUO_2粉末の性質と焼結性を比較した。比表面積が大きい微粉状UO_2は酸化されやすく，格子定数，O/U比が増加する。水素雰囲気下，数時間の還元にて95% TDのUO_2ペレットを得る焼結温度は微粉に比べ，粗粒の方が高温を必要とする。図12.6に圧縮成形法によるUO_2ペレットの製造工程を示す。原料粒子は凝集しているため，まず，ボールミル等で粉砕

表 12.5　UO_2 粉末の性質

性　能	微粉状	セラミック用	粗粒状
比表面積（m^2/g）	8	3	2
平均粒度（μm）	0.07	0.18	0.27
格子定数（Å）	5.465	5.468	5.470
O/U 比	2.10	2.04	2.01
焼結温度（℃）（95% TD）	1500 以下	1600	1700 以上

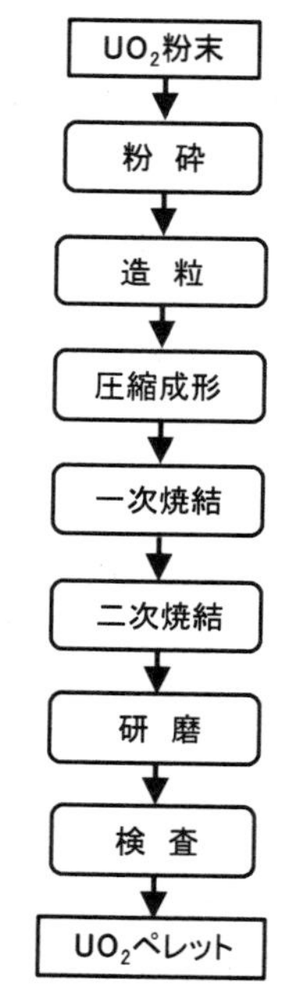

図 12.6　UO_2 ペレットの製造

し，ステアリン酸等有機結合剤を添加して，圧縮成形する。次に，結合剤を除去するために 800 ～ 1000℃にて一次焼結を行った後，真空あるいは H_2 中，1500 ～ 1700℃にて二次焼結する。焼結後，グラインダー等でチャンファやディッシング等研磨・加工し，検査して製品ペレットとする。このペレットをジルカロイ被覆管へ充填し，He 充填後溶接して，燃料棒とする。

12.7節で述べる再処理工程にて回収されたプルトニウムを添加したUO_2-PuO_2混合酸化物（Mixed Oxide, MOX）燃料は，軽水炉や新型転換炉，高速増殖炉で使用される。

(2) 金属燃料

日本で最初の商業炉である日本原電東海1号炉（電気出力144,000 kW）は，金属ウラン燃料と黒鉛減速により天然ウランあるいは低濃縮ウランを用いた運転が可能な炭酸ガス冷却炉（GCR：Gas-Cooled Reactor）であった。この炉型は高出力化がむずかしいため，その後の利用は限定されている。金属ウランは融点までに2回の変態を有し，また，空気中で発火するなど化学的にも活性で，使用が限定される。ジルコニウム等との合金化により低温から高温まで，構造および化学的に安定な燃料として利用できる。従来，ウラン酸化物の活性金属還元により金属ウランが製造されていたが，近年塩化物電解プロセスにより直接金属ウランを生成し，さらに，ジルコニウムやマイナーアクチノイド（MA）との合金化により金属棒として製造，取扱が可能となってきた。

(3) 被覆粒子燃料

Heガスを冷却材とする高温ガス炉で用いられる燃料である。高温ガス炉では，950℃の高温ガスを取り出すことにより，熱源として発電の他，化学工業や暖房等へ利用を図る。被覆燃料粒子の構造を図12.7に示す。ゾルーゲル法で製造したUO_2微粒子の外壁をアセチレンやプロパン等炭化水素ガス中で熱分解させて，炭素被覆する。低密度および高密度炭素層をもつBISOやこれらの中間にSiC層をもつTRISOがある。

(4) 窒化物燃料

第7章で述べたように窒化物にはUN，U_2N_3，UN_2があるが，燃料としてはUNが使用される。UNは岩塩型構造をとり，高融点であり，分散型燃料のマトリックスである金属との両立性も良い。高速炉では，UN-PuN

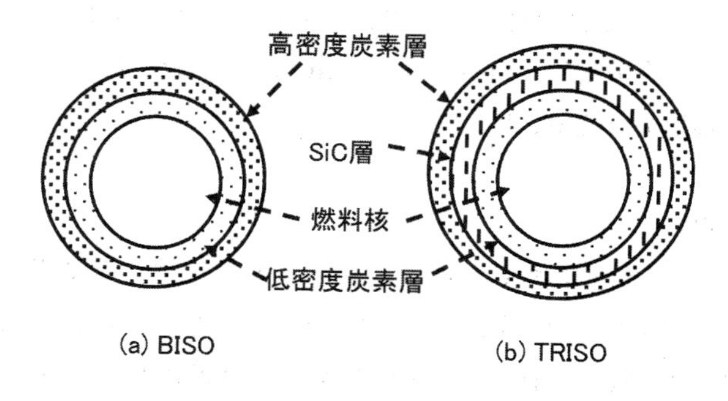

図 12.7　被覆燃料粒子の構造

固溶体が用いられる。UO_2と同様に，UN粒子をペレット成型後，アルゴンあるいは真空中にて高温で焼結する。しかし，1800℃程度においてもUNの熱分解により金属を生成するので，高温焼結による高密度化は難しい。UN粉末をNbやMoといった耐熱容器内に入れ，数250～300atmの加圧下，1000℃で成型し，T.D.（理論密度）98%の焼結体を得ている。UN燃料は$^{14}N(n,p)^{14}C$による水素発生や，FPとして半減期1600年の^{14}C生成といった課題がある。

12.6　燃焼と使用済燃料

(1) 原子炉と燃焼［11-14］

日本の商業炉は軽水で冷却および中性子減速を行う軽水炉であり，原子炉内を高圧にして冷却材を液相のみとする加圧水型原子炉（PWR：Pressurized Water Reactor）と気相と液相が共存する沸騰水型原子炉（BWR：Boiling Water Reactor）の2種類がある。東電福島第一原子力発電所では，沸騰水型軽水炉（BWR：Boiling Water Reactor）を採用している。軽水炉では，UO_2燃料ペレットをジルカロイ合金製被覆管に充填した燃料棒を集めて集合体（チャンネルボックス）とし，チャンネルボックス間に炭化ホウ素（B_4C）制御材を内蔵したSUS製制御棒により炉心が構成され

表12.6　BWRおよびPWRの燃料棒，燃料集合体の比較

		BWR	PWR
燃料棒	被覆材	ジルカロイ－2	ジルカロイ－4
	外径(mm)	12.52	9.50
	被覆厚さ(mm)	0.863	0.572
	ペレット外径×長さ(mm)	10.56×10.57	8.19×13.46
	ペレット密度(g/cm^3)	10.42	10.41
	濃縮度(初装荷/取替)	2.19/2.56	2.37/3.30
燃料集合体	断面×有効長(m)	0.14×4.470	0.214×4.059
	燃料有効長(m)	3.759	3.657
	燃料本数	63	264
	燃料棒配列	8×8	17×17
	燃料棒相互間隔(mm)	3.73	3.10

ている。炉心部は圧力容器に収納され，制御棒駆動機構や蒸気管等が繋がっている。圧力容器は格納コンクリート製の支持台で固定され，格納容器内に収納されている。格納容器外部に冷却水を含むサプレッションチャンバーがある。

表12.6にはBWRおよびPWRの燃料棒，燃料集合体の比較を示す。いずれも軽水減速，軽水冷却であり，BWRでは，冷却系に水相および蒸気相が共存し，PWRでは一次冷却系は水相のみである。また，軽水炉では熱中性子による核分裂反応を利用するため，熱中性子吸収断面積（σ_{abs}）が小さい被覆管材が必要となる。ジルコニウムおよび鉄のσ_{abs}はそれぞれ，0.182，2.56barn（1barn = 10^{-24}cm^2）であり，軽水炉では熱中性子を利用するのでσ_{abs}が小さいジルカロイ被覆管を使用している。ただ，鉱石中のジルコニウムに0.1%程度随伴するハフニウムのσ_{abs}が103barnと大きいので，Hf濃度を100ppm以下に低減した原子炉級ジルコニウムを使用している。さらに，BWRでは水の放射線分解による発生する水蒸気中の酸素による酸化を低減するため，Niを添加したZr-2を使用する。一方，水蒸気発生しない一次系冷却水をもつPWRでは水素透過率の低いZr-4を

使用する。BWRの燃料ペレットサイズは10ϕ×10mmであり，PWRでは8ϕ×13mmと細長い。BWRは炉心容積が大きく，平均出力密度が小さいので，PWRに比べ，^{235}Uの濃縮度は低く，また，燃料棒の径は大きい。ペレットを詰める燃料有効長は約4mであるが，集合体を構成する燃料棒の本数はPWRの方が少ない。BWRは4体の集合体の中央に十字形の制御棒を圧力容器下部より挿入するが，PWRでは圧力容器上部より集合体内部へ制御棒が挿入される。

次に，重水炉では重水を減速材，軽水を冷却材として使用し，ジルカロイ被覆管に酸化物燃料を充填した燃料棒を使用する。中性子経済が良く，低濃縮の燃料で運転できる。カナダのCANDU炉（CANdian Deuterium Uranium Reactor）では天然Uを，イギリスのSGHWR炉（Steam Generated Heavy Water Reactor）では2.3%濃縮燃料を，日本のATRでは天然Uに1.5%以下のPuを添加したMOX燃料を使用した。韓国では，PWR 4基の使用済燃料からCANDU炉1基の低濃縮燃料を製造し，再燃焼している（DUPIC process : Direct use of spent PWR fuel in CANDU reactors）が，現存するCANDU炉4基を廃止する方向である。

一方，高速増殖炉（First Breeder Reactor）は高速中性子を利用するため減速材が不要になるとともに，熱中性子吸収を考慮する必要がなく，ジルカロイより強度が強いステンレス鋼が使用される。軽水炉や重水炉に比べ，熱出力密度が高いので，冷却材として熱伝導が良く，冷却能力の高い液体金属が対象となり，低融点，低蒸気圧であるNaが使用されている。表12.7には日本原子力研究開発機構（JAEA）が開発した，現在も稼働できる高速増殖炉実験炉「常陽」の燃料棒，燃料集合体の比較を示す。燃料ペレットはUO_2-PuO_2固溶体であり，^{235}U濃縮度（at%）は20%程度，Pu添加量（富化度，mass%）は15～30%程度である。実験炉「常陽」の後継機である原型炉「もんじゅ」は1994年に初臨界に達するも，翌年のナトリウム漏洩事故以降，種々のトラブルを抱え，2016年廃炉が決定した。

表12.7　高速増殖炉「常陽」の燃料棒，燃料集合体の比較

		MK-1	MK-2
燃料棒	全長(m)	1.91	1.52
	ペレット直径(mm)	5.5	4.6
	被覆厚さ(mm)	0.863	0.572
	被覆管材	SUS-316	SUS-316
	被覆管外径(mm)	6.3	5.5
	被覆管厚さ(mm)	0.35	0.35
燃料成分	Pu富化度(mass%)	17.7	30
	235U濃縮度(at%)	23	12
燃料集合体	燃料本数	91	127
	燃料棒ピッチ(mm)	7.6	6.47

(2) 使用済核燃料

軽水炉では上述のように ^{235}U を3～4%に濃縮した UO_2 燃料が使用されるが，炉内において中性子による ^{235}U の核分裂反応（燃焼）により ^{235}U 品位が低下し，数%のFPが存在する。また，ウランの96%を占める ^{238}U は中性子を吸収して ^{239}Np を経て ^{239}Pu に変換される。この ^{239}Pu は核分裂性であり，^{235}U と同様に原子炉内で燃焼してエネルギーを生成する。3年程度原子炉内で燃焼した燃料棒は使用済核燃料として取り出し，保管される。この使用済核燃料中には，炉内で新たに生成されたPuが1%程度存在しており，再処理により核燃料として再利用することができる。UO_2 燃料ペレット内においては PuO_2 が固溶体（U, Pu）O_2 を生成する。さらに蛍石型結晶構造をとる UO_2 は酸素過剰及び不足領域において不定比性（$UO_{2\pm x}$）を示し，ウラン原子とイオン半径の近いⅢ価の希土類元素やⅡ価のアルカリ土類元素とも固溶体を生成する。このことは，燃焼によりFP元素が増加しても，固溶することにより UO_2 の結晶構造が変化しないので，燃料構造の変形による被覆管への損傷を抑制できる。このように UO_2 燃料は金属燃料や他のセラミック燃料に比べ熱伝導性が低いものの，高温まで安定である。この他，使用済燃料内には，固溶しないFP酸

表 12.7　使用済核燃料中の相関係と含有成分

UO_2 固溶体相	複合酸化物相	合金相	気体等
アルカリ土類	アルカリ金属	モリブデン	キセノン
希土類	アルカリ土類	パラジウム	セシウム
Ⅳ価金属	ジルコニウム	ルテニウム	ヨウ素
アクチノイド	モリブデン	ロジウム	テルル

化物相や金属として安定な相，さらには気体も存在する。これらの相に存在する元素を表 12-8 にまとめた。UO_2 固溶体相には，Ⅲ価の希土類のほか，Np，Am といった マイナーアクチノイド（MA）や，Ba, Sr といったアルカリ土類，Ⅳ価の Ce，Zr 等も存在する。UO_2 への各元素の固溶量には雰囲気や温度により限度あり，このような場合，複合酸化物相として存在する。これには Zr や Mo のほかアルカリ土類が該当し，また Na，K，Cs といったアルカリ金属は UO_2 に固溶せず，ウラン酸塩等を生成する。このことは燃料デブリが海水と反応した際，海水中に含まれる Na 等アルカリ金属はデブリと反応せず，一方で Mg，Ca 等アルカリ土類が反応して，ウランの溶解挙動に影響していると考えられる。

12.7　再処理

冷却後の使用済燃料は，再処理工程にて燃料成分と FP，MA と分離される。燃料成分は MOX 等燃料製造工程へ，また，FP，MA は放射性廃棄物として，処理・処分工程へ送られる。再処理法は，湿式および乾式法に分けられ，商業プロセスとしては Purex 法がある。また，第 2 再処理工場のプロセスの主概念として先進湿式法が，副概念の乾式法として，塩化物電解法およびフッ化物揮発法が検討された。以下に述べる。

(1)　湿式再処理法

(a)　Purex プロセス

Purex 法は 1940 年代に米国のマンハッタン計画の中で開発された使用済

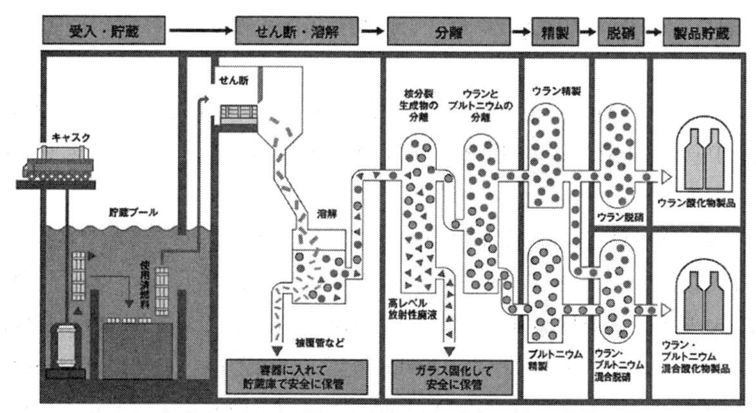

図 12.8　六ケ所再処理工場の工程の概略［14］

燃料の再処理法であり，Plutonium Uranium Redox Extraction よりその名が取られている。この再処理法は北米，欧州および日本で実用化されており，現時点においても世界の主流の再処理プロセスである。図 12.8 に日本原燃㈱六ケ所再処理工場で行われている再処理工程の概要を示す［14］。

再処理工場に搬入された使用済燃料は一定期間，貯蔵プールで貯蔵された後，せん断機によってジルカロイ製の燃料被覆管ごと数センチメートルの小片にせん断され，硝酸の入った溶解槽に投入される。ここで数 mol/L の硝酸による加熱溶解が行われ，ウランやプルトニウムおよび大部分の FP と MA は硝酸中に溶解する。ここで，希ガスやヨウ素の FP は放射性の気体となり，オフガス処理系で回収される。また，モリブデン，テクニチウム，ルテニウム，ロジウム，パラジウムといった FP 元素の一部は金属または酸化物状態の不溶解性残渣となり，溶け残るジルカロイ製の燃料被覆管と共に固体廃棄物として回収される。核燃料の硝酸溶解液は分離工程に送られ，ここではパルスカラムを用いた溶媒抽出が行われる。まず，共除染工程と呼ばれる 1 段目の抽出工程では以下の反応により 2 ～ 4 mol/L の硝酸溶液からウランとプルトニウムがリン酸トリブチル（TBP : Tri-

Butyl Phosphate）とドデカンの混合溶媒に抽出される。

$$UO_2^{2+}{}_{aq} + 2NO_3^-{}_{aq} + 2TBP_{org} \rightarrow UO_2(NO_3)_2 \cdot 2TBP_{org} \quad (12\text{-}19)$$

$$Pu^{4+}{}_{aq} + 4NO_3^-{}_{aq} + 2TBP_{org} \rightarrow Pu(NO_3)_4 \cdot 2TBP_{org} \quad (12\text{-}20)$$

ここで核分裂生成物と，マイナーアクチノイド核種（MA,（Np, Am, Cm 等））はほとんどが水相に残り，ウランおよびプルトニウムと分離され，高レベル放射性廃液としてガラス固化工程に送られる。有機相に抽出されたウラン，プルトニウムはU/Pu 分配工程と呼ばれる二段目の抽出工程に送られる。ここでは，1段目と同じ組成の有機相を用いるが，水相にPu（Ⅳ）の還元剤として作用する，U^{4+} や硝酸ヒドロキシルアミンを添加するため，式（12-20）により有機相に抽出されていたPu（Ⅳ）は以下の反応によって，非抽出性の Pu（Ⅲ）に還元され，水相に逆抽出される。

$$2Pu^{4+} + U^{4+} + 2H_2O \rightarrow 2Pu^{3+} + UO_2^{2+} + 4H^+ \quad (12\text{-}21)$$

$$2Pu^{4+} + 2HONH_3^+ \rightarrow 2Pu^{3+} + 4H^+ + 2H_2O + N_2 \quad (12\text{-}22)$$

これによりプルトニウムはウランと分離される。ここでは主プロセスに不純物を混ぜることなくPu（Ⅳ）を還元できる還元剤として U^{4+} や最終的に窒素ガスとなる硝酸ヒドロキシルアミンが選択された。単離したウランとプルトニウムはそれぞれ精製工程でさらに溶媒抽出により精製され，ウラン酸化物製品とMOX（U，Pu 混合酸化物）製品となる。単離したプルトニウムを再度，ウランと混合しMOX 製品とする理由はプルトニウムの核不拡散性を高めるためである。ウラン酸化物製品と，MOX 製品は新しい核燃料の製造に利用される。

（b）先進湿式プロセス

日本原子力研究開発機構（JAEA）は，高速増殖炉（FBR）実用化後の軽水炉（LWR）との共存時期を念頭とした次世代型再処理プロセスとしてて NEXT（New Extraction System for TRU Recovery）プロセスを開発した。ここでは，旧西ドイツで開発された硝酸ウラニル（VI）の析出現象を応用した晶析法をウランの粗分離工程として取り入れ，これに従来の Purex 法で用いられている TBP 抽出によるウランおよびプルトニウムの精密分離を組み合わせた。晶析法は濃厚な硝酸ウラニル溶液を徐々に冷却することで，硝酸ウラニルの溶解度を低下させ，ウランを $U(NO_3)_2$ の塩として回収する。次段の TBP 抽出工程から排出される高レベル廃液に含まれる放射能毒性の高いマイナーアクチノイド（Am や Cm）は，高レベル放射性廃棄物の処分負荷低減のために，抽出クロマトグラフィー法により高レベル廃液より分離され，TBP 抽出工程によって取り出された U-Pu 混合物製品に混ぜられ，高速増殖炉用の MOX 燃料の一部となる。FBR ではマイナーアクチノイドを含む MOX 燃料を燃焼可能なため，これにより処分されるマイナーアクチノイド量を減らすことが期待された。一方，晶析法で分離されたウランについては軽水炉用の燃料に再利用することが想定された。このように先進湿式プロセスは商業炉としての FBR と LWR が多数共存する過渡期に最適な再処理プロセスとして開発された。

(2) 乾式再処理法

(a) 塩化物電解プロセス

ここでは，LiCl-KCl 共晶浴を用いる溶融塩再処理プロセスについて述べる。米国アルゴンヌ国立研究所および日本の電力中央研究所，東芝，JAEA が開発してきたプロセスである。韓国では湿式処理法は採用せず，塩化物電解法を含む乾式処理プロセスを開発し，PRIDE 施設（Pyroprocess inte-grated inactive demonstration facility）を試験運転している。このプロセスのフローを図 12.9 に示す。本プロセスは①活性金属還元，②溶融塩電解精製，③射出成型工程からなる。まず，使用済酸化物燃料ペレットを LiCl-KCl 共晶浴へ投入し，金属リチウムにより還元して金属ウランとする。この時，燃料中のプルトニウムやマイナーアクチノイドも還元されて合金となる。この U 合金を②の LiCl-KCl 電解セルへ陽極として使用し，

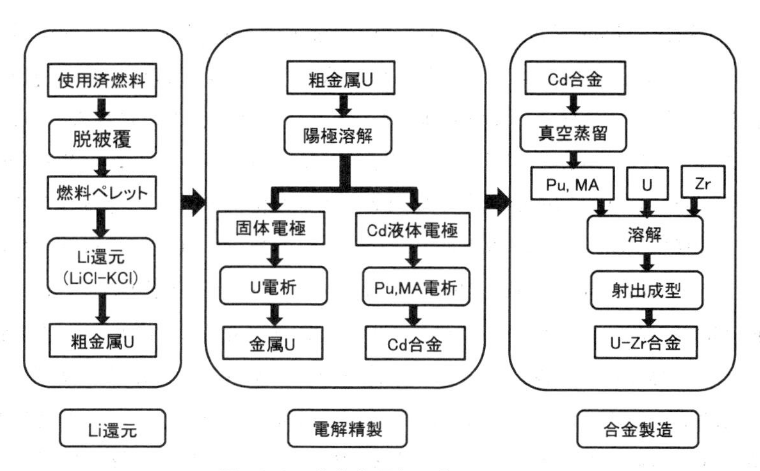

図 12.9　塩化物電解工程のフロー

溶融塩中へウランやプルトニウム等を陽極溶解する。この電解セルには陰極として金属ウラン棒の固体電極と，溶融カドミウムを入れた液体電極がある。LiCl-KCl 中における U^{3+}/U の Ag に対する標準電極電位は－ 1.496 V と卑な値をとる。これに対し，Pu^{3+}/Pu や Am^{3+}/Am，Cm^{3+}/Cm では，それぞれ，－ 0.976，－ 0.866，－ 0.748 であり，この電位差を利用してウラン固体電極では選択的にウランを回収し，カドミウム液体電極では，プルトニウムはじめ，マイナーアクチノイドを含む Cd 合金を得る。①の Li 還元および②の陽極溶出，電析反応は以下のようになる。

$$MO_2 + 2Li \rightarrow M + Li_2O \text{(M＝U, Pu, Am他)} \quad (12\text{-}23)$$

$$M \rightarrow M^{3+} + 3e \text{ (M＝U, Pu, Am他)} \quad (12\text{-}24)$$

$$U^{3+} + 3e \rightarrow U \quad (12\text{-}25)$$

$$M^{3+} + 3e \rightarrow M(Cd) \text{(M＝Pu, Am, Cm他)} \quad (12\text{-}26)$$

得られた Pu-Cd 合金は蒸留工程にて 800 ～ 1300℃に加熱して，Cd 蒸留分離し，U-Pu-MA 合金を得る。続いて，この合金と Z ジルコニウムとを混合溶解して U-Pu-Zr 合金を得る。この合金を高温にて溶解後，円筒容器へ引き上げ，射出成形により U-Zr 合金の金属棒を得る。液体カドミウム電極へ回収する方法は，2.1（c）の高純度ウラン製造法として紹介したアマルガム法と同様なプロセスである。

（b）フッ化物揮発プロセス

使用済核燃料から核燃料であるウランおよびプルトニウムを分離し，再び燃料を製造する再処理プロセスにおいては，原子炉内での核反応により ^{235}U が減損したウラン成分を再濃縮する必要があるため，フッ化物揮発法が有利である。フッ化物揮発プロセスついては 1950 年代から研究開発が始まり，F_2 のほか ClF_3 や NOF などのフッ化剤を使用し，生成する錯フッ化物の物理的特性（蒸気圧）を利用して，燃料成分であるウランやプルトニウムを回収するフッ化物揮発プロセス（ニトロフルオル法，Nitrofluor process）が開発された［15］。燃料成分については MF_6 (M = U, Pu）の状態より $NOUM_6$ (M = U, Pu）といった錯フッ化物とすることにより，ウランープルトニウム間の昇華点の差が広がり，揮発分離が容易になる。しかしながら NOF の反応性や腐食性に課題があり，試験プラントまでで終了した。

次に，日立他で開発された Fluorex 法について述べる。図 12.10 にはプロセスのフローを示す。使用済燃料を脱被覆，粉砕後，フレームフッ化炉にフッ素ガスとともに供給する。燃料成分等と F_2 との反応は（12-27）式のように六フッ化物を生成して揮発する。この発熱反応であり，反応が開始すると，高温にて持続する。むしろ，不活性ガスを共存させて F_2 供給量を制御することにより反応を制御する必要がある。

$$MO_2 + 3F_2 \rightarrow MF_6 + O_2 (M = U, Pu, Np) \quad (12\text{-}27)$$

使用済燃料中のその他の成分のフッ化反応および揮発挙動については，以下のようになる。まず，NbF_5 や SbF_5 など遷移金属の高級フッ化物

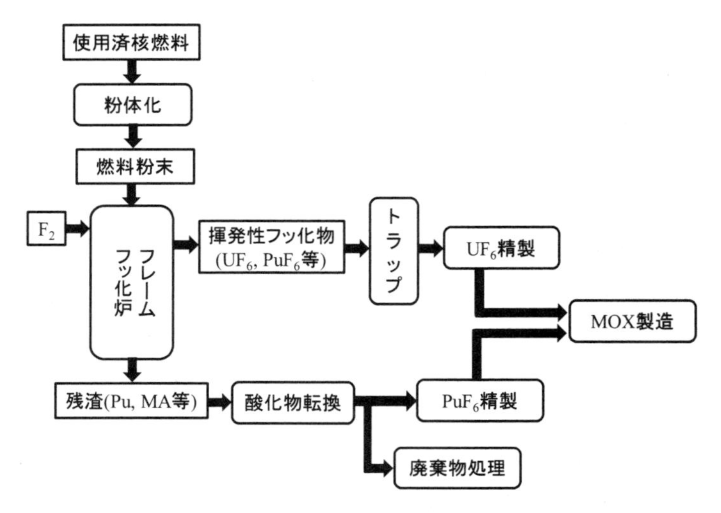

図 12.10　Fluorex プロセスのフロー

が揮発性を示し，燃料フッ化物と一緒に混合ガスとして揮発分離する。一方，CsF や SrF_2 といった低級フッ化物は不揮発性であり，燃料フッ化物とは分離される。このプロセスでは，燃料を粉体化した後，縦型のフレームレス炉を使用し，炉上部から F_2 とともに供給すると発熱反応により自発的にフッ化反応が始まり，UF_6 や PuF_6 が他の揮発性フッ化物とともに混合フッ化物気体として炉外へ揮発分離される。その他の成分はフッ化残渣として炉下部に回収する。揮発分離されたフッ化物気体中の NbF_5 や SbF_5 などは NaF や MgF_2 等の固体吸着剤へ分離する。UF_6 と共存する PuF_6 については，次式のように UO_2F_2 への吸着，交換反応により，UF_6 を揮発分離する。

$$MF_6 + UO_2F_2 + F_2 \rightarrow UF_6 + PuF_4 + O_2 (M = Pu, Np) \qquad (12\text{-}28)$$

マイナーアクチノイドについて，Np は Pu と同様に，六フッ化物 NpF_6 として揮発分離され，UO_2F_2 トラップと反応し，NpO_2F_2 として回収され

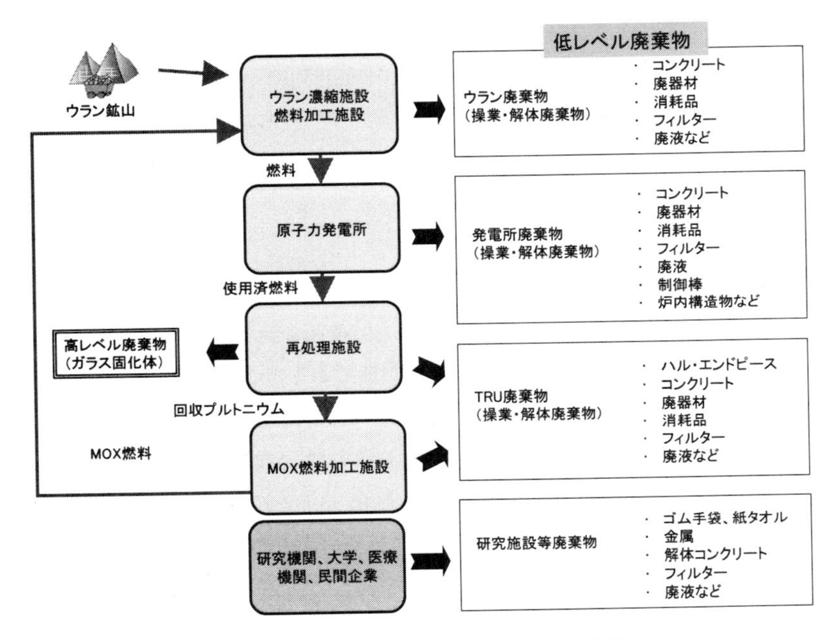

図 12.11　発生源で区分した放射性廃棄物

る。この他，Am や Cm は不揮発性の三フッ化物を生成し，フッ化残渣として回収される。

$$2AnO_2 + 3F_2 \rightarrow 2AnF_3 + 2O_2 (An = Am, Cm) \quad (12\text{-}29)$$

12.8　放射性廃棄物処理・処分

放射性廃棄物はわが国では原子力のエネルギー利用と放射線の利用から発生する。廃棄物の物量および含まれる放射能量を考えれば，原子力発電に使用する核燃料の製造から使用，再処理および再利用からなる核燃料サイクルより発生する放射性廃棄物がその中心となる。図 12.11 に発生源から区分した放射性廃棄物を示した。

日本では使用済核燃料の再処理によって発生する非常に放射能量の多

い高レベル廃液をガラス固化した物のみを高レベル放射性廃棄物と呼び，これ以外の廃棄物はすべて低レベル放射性廃棄物と分類される。本節では高レベル放射性廃棄物と低レベル放射性廃棄物に分類し，それぞれの廃棄物がどのような場所から発生し，どのような処理を経て廃棄物して処分されるかについて述べる。

(1) 高レベル放射性廃棄物

高レベル放射性廃棄物は原子力発電所で使用した核燃料を 12.7 節で述べたプロセスにより再処理し，核燃料物質であるウランとプルトニウムを回収した後に残る核分裂生成物（Fission Products; FP）やマイナーアクチノイド（Minor Actinide, MA）といった放射性物質をガラス固化した物である。再処理の中心工程である TBP 抽出工程で使用済燃料の硝酸溶解液から再利用可能なウランとプルトニウムを分離した残りの溶液には極めて高濃度の FP 核種に加え MA 核種が含まれるため，非常に高放射線量の廃液となっており，高レベル廃液と呼ばれる。高レベル廃液はガラス固化工程に送られ，溶融炉で溶融したホウケイ酸ガラスと混ぜられ，その後，ステンレス製のキャニスターと呼ばれる容器に溶融状態で流し込まれ，冷却され固化体となる。これが高レベル放射性廃棄物と呼ばれるガラス固化体である。ガラス固化体は一本当たり約 400 kg のガラス成分を含んでいる。この固化体の母相はホウケイ酸ガラスであり，含まれている放射性物質である FP や MA は全体の 12wt%程度である。多量の放射性物質を含んでいるために壊変による発熱量は高く，製造時には約 2300 W/ 本の発熱がある [11]。しかし，短寿命の放射性核種の壊変に伴い，発熱量は徐々に減少し，30 − 50 年後には製造時の約 1/4 から 1/7 となる。ガラス固化体に含まれる総放射能量は製造時で約 2×10^{16} Bq/ 本である。これにより固化体表面からは約 1500 Sv/h の極めて高線量の放射線が放出され，仮に人が被ばくすれば 20 秒弱で 100%の人が死亡することになる。放射能はそれぞれの核種の半減期に従い対数的に減衰するため 1000 年後には約 3000 分の 1 になり，数万年後には元となった 1 トンの核燃料を製造するために用いた天然ウランの放射能量と同量になる。再処理工場にて製造されたガラス固化体は数十年貯蔵された後，炭素鋼製のオーバーパックに入れられ，さらに緩衝材としてベントナイトを巻かれたうえで，地下300mｍ以深に地層処分される予定である。

(2) 低レベル放射性廃棄物

図12.11に示した通り，低レベル放射性廃棄物の発生源は非常に多様であり，その結果，廃棄物に含まれる放射能の種類や量も大きく異なる。前述した使用済核燃料の再処理工場から発生する運転廃棄物の低レベル放射性廃棄物はマイナーアクチノイド等の超ウラン元素を含む可能性があることから，TRU廃棄物（TRans-Uranic waste）と呼ばれる。この一つとして，使用済燃料の溶解工程からは金属製の燃料被覆管（ハル）や燃料集合体の留め金部分（エンドピース）が廃棄物として発生する。ハル・エンドピースは原子炉の運転中に中性子により放射化されており，さらに燃料ペレットを被覆していたことからマイナーアクチノイド等の長半減期核種が付着しているため放射能毒性が高く，高レベル放射性廃棄物と同様に地層処分する必要がある。ハル・エンドピースは回収され，圧縮固化された後，キャニスターに封入される。一方，使用済燃料のせん断・溶解時に発生するオフガスに含まれる放射性ヨウ素は銀吸着材を用いたフィルターにより回収されており，使用後のフィルターもTRU廃棄物となる。この廃銀吸着材には半減期が1.57×10^7年と極めて長い^{129}Iが含まれているため，これをセメント固化した廃棄物も地層処分する必要がある。このほか再処理の各工程で発生するプロセス濃縮廃液を固化した物や雑固化体もTRU廃棄物として発生する。このようなTRU廃棄物はセメント固化され，放射能レベルに応じて深度300m以深での地層処分，深度100m付近での中深度処分，および浅地中コンクリートピット処分により処分される予定である。さらに，原子力発電所の操業や解体からも様々な性状の廃棄物が発生する。これらは廃棄体化された後，放射能レベルに応じて中深度処分，浅地中コンクリートピット処分，浅地中トレンチ処分される予定

であり，すでに一部は青森県六ケ所村の日本原燃低レベル放射性廃棄物埋設センターにて埋設が開始されている。

現在，これら低レベル放射性廃棄物の固化処理にはセメント固化法が主として用いられている。セメント固化は原料が安くかつ，強度が高く長期にわたり安定で，加熱処理などが不要なため処理装置も簡単なもので済みさらに，放射線による劣化が少ないことが長所である。一方，廃棄物にセメントを足して固化するため減容ができない事や，水と廃棄体が接触した際の放射能の浸出抑制効果が低いことなどが短所である。

［参考文献］

[1] 原子力工学講座5館「ウランおよび原子炉材料ならびに放射化学」，木村健二郎編著，共立出版，(1956)

[2]「原子力化学工学」，山本　寛編著，日刊工業新聞社，(1956)

[3]「核燃料サイクル工学」，鈴木篤之，清瀬良平著，日刊工業新聞社，(1961)

[4] 原子炉工学講座第4巻「燃・材料」，第IX編　原子炉燃料，武谷清昭，栗原正義，菊池武雄，古川和男，青地哲男，下川純一著，培風館，(1972)

[5] 原子力工学シリーズ第2巻「原子炉燃料」，菅野昌義著，東京大学出版会，(1976)

[6] 講座・現代の金属学　材料編8「原子力材料」，第4章　核燃料，古屋広高著，日本金属学会，(1989)

[7] 原子力工学シリーズ第3巻「原子炉化学」(上)，内藤奎爾著，東京大学出版会，(1978)

[8] "The Chemistry of Uranium Including Its Applications in Nuclear Technology"，E. H. P. Cordfunke, Elsevier Publishing Company, (1969)

[9] "Handbook of Extractive Metallurgy"，Vol. III, Part 9, Radioactive Metals, Chap. 41 Uranium, Fathi Habashi, Wiley-VCH, (1997)

[10] "The Chemistry of the Actinide Elements"，Vol.1, Chap. 5, Uranium, Fritz Weigel, (Eds., J.J. Katz, G.T. Seaborg, L. R. Morss)，Chapman and Hall, (1986)

[11] 原子力・量子・核融合事典 第III分冊「原子力化学と核燃料サイクル」，田中　知編，丸善出版，(2014)

[12] 原子力化学工学　第II分冊「核燃料・材料の化学工学」，清瀬良平訳，日刊工業新聞社，(1984)

[13] テキスト「核燃料サイクル」，日本原子力学会再処理・リサイクル部会編，(2015)

[14] 原子力・エネルギー図面集 2016，日本原子力文化財団
http://www.jaero.or.jp/data/03syuppan/energy_zumen/energy_zumen2016.html
[15] G. Strickland, F. L. Horn, US AECReport, BNL10114,（1967）

第13章　燃料デブリの生成と評価

13.1　燃料デブリの生成［1-3］

(1) 原子炉過酷事故と燃料

東電福島第一原子力発電所では，沸騰水型軽水炉を採用している。図13.1に原子炉の模式図とデブリの生成状況を示す。この炉では，UO_2燃料ペレットをジルカロイ合金製被覆管に充填した燃料棒を集めて集合体(チャンネルボックス）とし，チャンネルボックス間に炭化ホウ素（B4C）制御材を内蔵したSUS製制御棒により炉心が構成されている。炉心部は圧力容器に収納され，制御棒駆動機構や蒸気管等が繋がっている。圧力容器は格納コンクリート製の支持台で固定され，格納容器内に収納されている。格納容器外部に冷却水を含むサプレッションチャンバーがある。

2011年3月11日時点では，1～3号機には圧力容器内に400～500本の燃料集合体があり，炉心を構成していた。また，格納容器上部にある燃料プールには使用済燃料と新燃料の集合体が保管されていた。さらに，4号機は定期点検のため，炉心には燃料はなく，すべてプール内に冷却保管されていた。

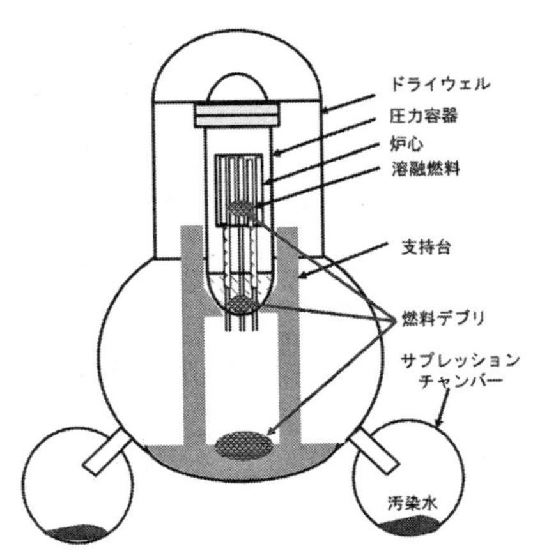

図13.1　沸騰水型原子炉の構成と燃料デブリ生成の概略図

表 13.1　福島第一原発１～３号炉の炉心の解析結果［2］

項　目	1 号機	2 号機	3 号機
燃料（UO_2）の溶融割合	38.5%	20.9%	24.9%
炉心構成材料の溶融割合 1)	58.5%	28.1%	38.7%
炉内で発生した水素量	686 kg	711 kg	562 kg
燃料から放出されたセシウム 2)	61 kg（72%）	65 kg（46%）	61 kg（39%）
燃料から放出されたヨウ素 2)	4.9 kg（72%）	3.2 kg（46% %）	4.9 kg（39%）
RPV 底部破損の有無	有	有	有

1）炉心部にある燃料，スチール，制御材及びジルカロイの総量
2）%表示はスクラム時に燃料内部に蓄積していたセシウム，ヨウ素のうち，冷却材中に放出された割合

(2) 炉心及び燃料の損傷

原子炉の冷却材喪失事故後，炉心では核反応は停止したものの，FP 核種による崩壊熱により炉心温度が上昇し，燃料溶融や被覆管，SUS 配管等炉心構成材料の溶融が起こり，相互間の反応が進行した。また，溶融物が圧力容器から落下し，コンクリート支持台やさらには格納容器底部にまで至り，いわゆる MCCI（Molten Core Concrete Interaction）を引き起こしたと考えられている。

また，2 号機についてミュー粒子を用いて圧力容器内の燃料物質の分布状況を調査した結果では，燃料があった炉心部に 20 ～ 50 t 程度，圧力容器底部に約 160 t の高密度物質の存在が確認された。同部分には燃料集合体や制御棒等約 210 t が存在しており，炉心溶融後は，溶融燃料の大半が圧力容器底部に留まっていると推定されている。

表 13.1 には，報告されている F1 の 3 号炉の炉心の解析結果を示す。いずれの号機においても，燃料及び炉心構成材料が溶融していることが分かる。特に，1 号機では燃料の約 40%が，また構成材料の約 60%が溶融しており，炉心部から溶融状態のデブリが圧力容器下部へ落下していたことがわかる。さらに，圧力容器（RPV）底部の破損により燃料デブリが圧力容器からペデスタルへ流れ落ち，コンクリートと反応していたことが伺われる。

表13.2　炉内に存在する燃料デブリの分類と状態［7］

	種類	主な化合物，形態	状　態
①	酸化物デブリ	UO_2-ZrO_2	塊状，Zrによる安定化，U相の酸化
②	合金デブリ	Fe-Zr	塊状，腐食性とFP等の溶出
③	MCCIデブリ	$UO_2(ZrO_2)$-Cao-SiO_2	ケイ酸塩の安定性，溶解性
④	粉体デブリ	酸化物	冷却材による移動，微粒子の挙動
⑤	二次デブリ	水酸化物，酸化物	再溶解や再沈殿による移動，堆積

また，被覆管であるジルカロイと水蒸気との反応による水素発生や，FP元素であるセシウムやヨウ素の40％が放出されており，環境汚染となっていたことがわかる。

UO_2燃料そのものの融点は2,850℃と高く，溶融状態になる部分は炉心でも中心部のごく一部に限定される。それに対して，SUS配管や被覆管は2,000℃以下で溶融し，ペレットそのものを保持できず，燃料の落下や燃料との反応を引き起こしたものと考えられる。また，B_4Cを内包していたSUS配管が反応して低温で溶融落下することと同様に，SUS配管とジルカロイではより低融点の合金を形成し，燃料を含む形で下部へ燃料デブリとして落下したものと予想される。落下後，外部からの真水や海水と接触した際には，水分との反応や，海水構成成分との反応により燃料デブリから一部のFP成分等が液相中へ溶解して，高汚染水を生成した。この際，急激な冷却あるいは酸化により燃料酸化物がひび割れ，粉体化により冷却水とともに外部へ移動した。これら粉体はフィルター等に吸着し，汚染水そのものからは分離されている。このため，固相に係る燃料成分やFP，MAについては評価されておらず，その挙動について評価していく必要がある。

(3) 生成デブリの状態

表13.2に炉内に存在する燃料デブリの状態についてまとめた。形状としては，燃料酸化物や合金から成る塊状デブリのほか，UO_2の酸化等により粉体化した燃料成分や固溶体から分離したFP酸化物，アクチノイド酸化

物等が粉体となって冷却水中を移動したことも考えられる。燃料酸化物には，燃料成分であるウラン及びプルトニウムを主として，これに固溶している FP 及び MA 酸化物が存在している。一方，金属及び合金成分としては，Zr 金属，SUS，Fe-Zr 合金等が考えられる。従って，燃料デブリは，UO_2-ZrO_2 を主体とする酸化物相とジルコニウム及び鉄を含む金属相が基本となり，この2相間における放射性元素の分配挙動を調べることにより，その後のデブリ処理おいて必要な知見が得られるものと考えられる。また，制御材である B_4C との反応によるホウ化物の生成もありうる。3号機では燃料溶融が発生したものの，ほとんど炉心内に残留していると考えられている。

2号機についても表13.1からみられるように3号機と同様の存在状態にあると解析されている。一方，1号機では，炉心にデブリは存在せず，すべて溶融落下し，結果として，ペデスタル部にてコンクリートと反応し，MCCI（デブリを生成することとなった。また，4号機では事故発生時には定期点検のため，炉心に燃料はなく，すべての燃料集合体が燃料プールに保管されていた。このため，4号機においては，炉心溶融等の過酷事故は発生しなかった。しかし，3号機からの水素爆発の影響を受け，原子炉建屋の被害が発生している。

13.2　燃料および構造材の挙動

BWR では，UO_2 ペレット（直径約 10mm，高さ約 10mm）をジルコニウム合金（ジルカロイ－2）製の被覆管に充填し，ヘリウム雰囲気にて溶封した燃料棒を用いている。この燃料棒を 8 × 8 あるいは 9 × 9 の形状に束ねた燃料集合体（チャンネルボックス）がある。また，チャンネルボックス間の十字状の間隙に，核反応を制御するための制御棒があり，このチャンネルボックスを数百体集めて炉心を構成している。表13.3には1～4号機の炉心内部の燃料及び制御材について示した。1号機では 68t，2及び3号機では約 90t の燃料物質が炉心にあり，制御材等と反応してデブリを生成した。3号機では MOX 燃料を使用しており，他の号機に比べると

表13.3　炉心内部の燃料及び制御材［4,6］

号　機	1	2	3	4
炉心内燃料物質量（t）	68	93～95		
炉心内燃料集合体数	400	548	548	548
高燃焼度8×8燃料	68	−	−	−
9×9燃料A型	−	−	516	−
9×9燃料B型	332	548	−	548
MOX燃料	−	−	32	−
制御棒	97	137		

プルトニウム量が多い。4号機については事故時には全燃料は燃料プールに保管されていた。

次に，炉心にある燃料と被覆管や制御棒，SUS配管等構造材との反応をみてみる。具体的には1986年発生した米国スリーマイルアイランド原発事故では，燃料デブリについて分析している。この事故では冷却材を喪失して炉心部分が高温になり，炉心溶融を引き起こしたものの，外部への漏出等はなく，炉心内部での反応に限定されたのが特徴である。

圧力容器中央部に厚さ1.2mの漏斗状の炉心溶融領域があり，溶融後固化した（U,Zr）O_2混合酸化物が存在していた。混合酸化物についてはU濃度が高い部分とZr濃度が高い部分の2つの相が混在しており，溶融燃料が徐冷されたことを示していた。周辺及び下部には未溶融の燃料があった。また，ニッケル基合金やステンレス製部品が低温にて溶融し，ジルカロイ被覆管と反応して，Zr-Fe-NiやZr-Fe-Crといった合金相を炉心下部に形成していた。この溶融合金相中にUO_2燃料が溶解し，金属ジルコニウムにより還元されて金属ウランを生成，U-Zr（O）合金相も存在していた。炉心下部からのデブリではU_3O_8相は検出されず，燃料内部が還元雰囲気であったことがわかる。さらに，FPについては，高温にて溶融した燃料では，合金相中に濃縮され，未溶融のデブリでは酸化物相に留まっていた。このように，TMI-2の事故では還元雰囲気において炉心溶融を起こし，燃料デブリを生成しており，UO_2-ZrO_2 擬二元系やこれらと鉄及びジルコニウム合金系との相関係がデブリの状態解析には重要となる。

これに対し，福島第一原発事故では，真水や海水により炉心冷却を行い，また水素爆発により圧力容器内へ空気が導入されており，結果として酸化雰囲気における燃料デブリ生成も考慮する必要がある。

これらのことは，原子炉内において，還元雰囲気であれば，酸化物相及び金属相として相分離されるが，酸化雰囲気であると，両者の混在する酸化物相が生成されることを示している。さらに，高温海水等により構造材であるSUSの腐食が起こると，水中に鉄イオンが溶出し，これらが乾燥あるいは加水分解する際に放射性核種を含む沈殿を生成することが考えられる。このことは，炉内に発生したスラッジ等が放射性物質の凝集剤として働き，高度に汚染された化合物を生成することになり，処理・処分においての検討に影響する。

TMI 事故では圧力容器内部のみの現象であり，還元雰囲気において金属相と酸化物相が共存していた。これに対し，チェルノブイリ原発事故では，炉芯の黒鉛が空気中の酸素と反応して，高温になり，その後，コンクリートを投入し，固化した。その結果，MCCI デブリを生成し，その後，風化してきている。

これに対し，福島第一原発事故では，溶融デブリが圧力容器下部よりペデステルへ落下し，コンクリートと不活性ガスあるいは低酸素分圧下にて反応しして MCCI デブリを生成したと考えられる。コンクリートは，石灰石，粘土，ケイ石，酸化鉄原料等を主原料とし，水による化学反応で硬化させたものであり，鉄筋を入れて強度を高めている。したがって，溶融デブリに含まれる UO_2-ZrO_2 を主体とする酸化物や Fe-Zr を主体とする金属と，セメントの主成分である CaO，SiO_2，Fe_2O_3，Al_2O_3 との反応に関する情報が重要となる。この場合，高温の溶融状態では酸化物相と金属相は相分離しており，酸化物相におけるセメント構成成分の反応が基本となる。さらに，高温においてはセメント中の水分はもちろん，一部ケイ酸も揮発するので，主成分としては UO_2-ZrO_2-CaO 系における還元あるい

表13.4　使用済燃料中の各元素の状態と事故後の挙動

元素	化合物	事故後の挙動
U	UO_2	・被覆管や構造材等と反応して燃料デブリ生成 ・還元状態では固溶体として存在し，FPを固定 ・酸化によりU_3O_8微粉末を生成，固溶成分を分離 ・爆発により外部放出の可能性 ・粉体状のデブリは冷却材により移動，堆積の可能性
Pu	固溶体	・固溶体としてUO_2と同様の挙動 ・UO_2の酸化よりPuO_2として挙動
MA(Np,Am,Cm)	固溶体	・UO_2と固溶体として挙動 ・UO_2の酸化より別相生成，海水へ溶解の可能性
希土類	固溶体	・海水へはUO_2より溶解性大きい。
アルカリ土類	固溶体 ウラン酸塩	・BaO, SrO等は海水へ溶解 ・海水中等では硫酸塩として固定
アルカリ金属	ウラン酸塩 ハロゲン化物	・酸化物，エアロゾルとして揮発，浮遊して移動 ・海水等へは容易に溶解
Mo, Te, Tc等	酸化物	・揮発性酸化物を生成して移動 ・オキソアニオンとして溶解し，移動 ・還元雰囲気では金属生成の可能性
ハロゲン	I_2	・冷却水等へ溶解（I^-, IO_3^-）し，移動

は酸化雰囲気における相関係が基本となると考えられる。

使用済み燃料中には核分裂反応により生成するFPと中性子吸収反応により生成するアクチノイドが存在する。前者には質量数95及び140付近の元素群，すなわちアルカリ金属，アルカリ土類，希土類，高融点金属，白金族，カルコゲン，ハロゲン，不活性ガスが含まれる。また，後者には核燃料であるPuとMA（Np，Am，Cm）が含まれる。このように，周期表の広い範囲に亘った元素が存在し，かつそれらの元素中の同位体により放射能が異なり，その後の処理・処分に影響する。表13.4に燃料を含めた各元素の状態と事故後の挙動についてまとめて示す。

冷温停止状態にある現状では，燃料成分及びMA，Zr，Ce等は二酸化物（MO_2）として固溶体を生成し，比較的安定な状態で存在しており，またⅢ価の希土類元素やⅡ価をとる元素も固溶体中に一部存在していると考えられる。しかしながら，低温においても崩壊熱により加温されている状態では，水によりUO_2が徐々に酸化され，相変化とともに固溶成分が溶出すると考えられる。

原子炉の過酷事故における圧力容器内の燃料及び材料の挙動について得られたデブリの性状状態に関する情報を基に，燃料デブリの処理・処分プロセス開発へと展開していくことが重要である。

13.3　燃料デブリのカテゴリー

(1) 燃料デブリの形態とカテゴリー

(a) TMI-2およびチェルノブイリ原発事故におけるデブリの形態

1979年に発生したTMI-2原子炉事故では，炉心が大規模に（45%）溶融し，一部の炉心溶融物質が圧力容器下部プレナムへ流下するとともに，燃料から大量のFPが放出された。ここでは，炉心を1）炉心上部の空洞部分，2）空洞部真下の細片化したルースデブリ層，3）炉心中央部から下部の炉心物質溶融固化層，4）炉心下部から外周部に残存した損傷燃料棒群に分けている。2）のデブリは，細片化した燃料ペレットや酸化した被覆管，溶融した金属またはセラミック粒子であり，一部は2500～2800℃に達していたとみられるが，大部分のデブリの平均温度は約2000℃程度とみられる。3）は主に溶融固化した（U, Zr）O_2であり，周辺に（Fe, Zr）金属相が隣接し，スラグ－メタル間の相分離が起きていたと考えられる。酸化物相に比べ金属相の融点が低いため，最初に酸化物相が溶融金属相内で析出し，その後，金属相が凝固している。特に，金属相では，共晶を形成し，比較的低温で溶融することが分かる。このように，TMI-2では，比較的外部との接触がなく，圧力容器内にて燃料はじめ構造材間の反応によりデブリを生成し，溶融固化したことが特徴である。

これに対し，チェルノブイリ原発事故では，黒鉛炉芯が爆発炎上し，高温酸化状態になり，その後，コンクリートを投入して固めた。従って，金属相はなく，全て酸化物相として溶融，固化した。これを高炉スラグ（Blast furnace slag）と呼んでおり，すなわち，高炉製鉄にて溶融鉄の上部に共存する，カルシウムやシリカを含む溶融酸化物であることを示している。デブリには金属相はなく，全て酸化物相であるのが特徴である。

(b) 福島第一原発事故における炉心損傷と溶融デブリ

福島第一原発事故の場合は，真水および海水注入による炉心冷却や圧力容器の破損や水素発よる外気侵入により，炉内はTIMI-2事故よりは共存酸素量が多かったと思われる［4］。燃焼時には燃料ペレット外周部へリム効果によるFP蓄積が見られるが，LOCAによる高温水蒸気により被覆管が酸化され，気体状FPを放出する。さらに高温になると溶融相を形成し，被覆管を損傷しながら，下部へ流下し，燃料ペレットともに堆積する。溶融物が堆積した炉心下部では，崩壊熱によりさらに温度が上昇し，一部は燃料溶融まで引き起こしていると考えられている。

圧力容器内の炉心には構成する燃料，被覆管，制御材および構造物としてチャンネルボックスや，SUS配管がある。燃料は酸化物であり，ジルカロイ被覆管は酸化によりZrO_2となり，高温ではUO_2-ZrO_2といった酸化物相が基本となる。一方，金属成分としては構造材としての鋼材と被覆材としてのジルカロイが主であり，これらが溶融して金属相を構成し，基本構造としては，UO_2-ZrO_2を主体とする酸化物相とFe-Zr合金を主体とする金属相が共存している状態であり，温度度や雰囲気および微量成分の分配により別の結晶構造や化合物相を形成して複雑に入り組んだ状態と考えられる。

実際に「ふげん」の使用済燃料（MOX燃料）をイットリウム安定化ジルコニア（YSZ）るつぼにジルカロイ片とともに入れ，Ar雰囲気下での2100℃での加熱試験を行った試験結果では，種々の酸化物相と金属相が存在することを明らかにしている。これに対し，制御材であるB_4CとSUS配管が低温にて反応し，溶融することや，炉心における事故時の2000℃以上の高温では，ジルカロイそのもの溶融している［11］。一方BWRでは，炉心に存在する制御材B_4CとUO_2およびZrO_2や鉄鋼材料との反応について検討する必要がある。

さらに，これらが圧力容器下部へ落下すると，鉄製の容器の一部も溶かし込み，Fe-Zrを主とするメタル相が基本となる。その後，圧力容器下部から格納容器下部へ落下し，コンクリートと反応して，固化することになる。この場合にはコンクリート成分（ケイ酸塩）を含んだスラグーメタル反応となる。

(c) 粉体デブリ

UO_2燃料は10 mm ϕ × 10 mmhのペレット状であり，厚さ1mm弱のジルカロイ被覆管にHe雰囲気で封入されている。冷却水喪失事故（LOCA）により被覆管が高温にて水蒸気と反応し，ZrO_2を生成する。合金層の減肉化がすすむと，ピンホールや亀裂により燃料棒内の揮発性成分が放出されるとともに，燃料棒内のペレットが水蒸気と反応する。UO_2ペレットが酸化される場合，まずペレット表面にはUO_2から酸化された相が形成される。酸素雰囲気によるが，低温より緩やかな酸化反応が起こる。ここでは急激な体積増加はみられないが，さらに高温で高酸化状態の酸化物（U_3O_7, U_3O_8）を生成するような急激な酸化反応が起こると，密度が大きく低下し，体積膨張により，最上段のように粉体化が進むと考えられる。しかし，さらに1400℃以上の高温では，U_3O_8自体が熱分解して，UO_2となる。デブリ生成時のような高温状態では，UO_2として存在すると考えられる。UO_2相は酸素共存下において温度が低下すると再び酸素を取り込み，U_3O_8となる。UO_2からU_3O_8への酸化およびU_3O_8からUO_2への還元を繰り返すとより微粉化する傾向がある。

一方，炉心溶融後においては酸化物およびメタル相に分離後，固化するが，UO_2やZrO_2を含む酸化物相では，冷温停止後も崩壊熱により内部温度は数百度になっており，冷却水中にあることにより徐々に酸化が進むと，相変化が起こり，表面部分から粉体として解離し，FP等が溶解していくことになる。表13.5には炉内に存在すると思われる燃料デブリの主な状態を示した。

表13.5　炉内にある燃料デブリの形状と成分

形状	塊状	燃料酸化物，金属，合金
	紛体	燃料酸化物，FP(MA)酸化物
成分	燃料酸化物	U(Pu)，FP，MA
	金属，合金	Fe-Zr，SUS，FP

表13.6　燃料デブリ中の溶融相における元素の分配［13］

相	元　素
金　属	Fe，Co，Zr，Mo，P，Sb，Bi，白金族他
酸化物	Ca，Ba，Al，Si，Zr，Nb，U，Th，希土類他

(2) 燃料デブリの組成とカテゴリー

福島第一原発事故により生成する種々のデブリについて，組成からみた分類を検討してみる。炉内での塊状デブリ生成においては，溶融状態の酸化物相と金属相を形成し，各元素の二相への分配により種々のデブリの組成が決まる。次に炉内の燃料および被覆管，制御材等構造材の構成成分について，表13.6にスラグ－メタル反応による高温における両相への元素分配の傾向を示した。金属相はFe-Zr合金を主とすると考えられ，ジルカロイおよび鋼材の添加成分であるNiやSnも金属相に存在する。また，使用済燃料中にMoともに合金を構成している白金族等は金属相に存在し，さらに，PやSb, Biといった元素も金属相に存在すると思われる。

これに対し，酸化物相にはUO_2およびZrO_2を主成分とし，希土類，ケイ素，アルカリ土類元素を含む。また，TMI-2の制御材はAg-In-Cd合金であったが，BWRではB_4Cを用いている。したがってUO_2-ZrO_2固溶体との反応においては，ホウ化物（UB_4，ZrB_2）や炭化物（ZrC）の生成もありうる。さらに，FPが溶出した粉体デブリや，逆に炉内で他成分を含めて共沈した沈殿デブリなど，生成場所，温度，経過時間等生成環境により，デブリ中の組成がどのように変化したものになるか，それによる放射性核種の挙動はどのようになるか，検討していく必要がある。

（a）酸化物相の評価

TMI-2の事故では複数のセラミック相が確認されている。UO_2燃料とZrO_2が反応して生成した（U, Zr）O_2固溶体が基本である。UO_2-ZrO_2擬二元系状態図によると，ウランが過剰（ZrO_2 < 10mol%）の場合には低温から高温まで面心立方構造をとり，この場合の固溶体は，ジルコニウムの固溶量をyとして$Zr_yU_{1-y}O_{2+x}$と表すことができる。一方，ジルコニウムが過剰（ZrO_2 > 90mol%）の場合には，低温では単斜晶を，1170°C付近から単斜晶から正方晶に転移し，さらに2390°C付近で立方晶をとり，$U_yZr_{1-y}O_2$固溶体となるが，温度によりそれぞれの相が共存するか，あるいは冷却効果により高温相が低温まで安定に存在することもある。特にZrO_2の場合，高温における正方晶を低温まで維持するために，イットリウムを添加したYSZが安定であり，実際，燃料中のFPである希土類元素等が正方晶を低温まで安定化させている。TMI-2事故では，無傷の燃料ペレットの他，U/Zr比が異なる（U, Zr）O_2固溶体が確認されている。また，鋼材の成分であるクロムは，酸化されて酸化物相へ混入していた。

（b）金属相の評価

TMI-2の事故では，複数の金属相が確認されている。ジルカロイ中のZrは他の共存するFeやNi，In，Snと合金化している。特にNiやSnが酸化されず，合金相に存在していた。また，AgおよびInを含む制御棒に該当する合金が存在する。さらに，FPのうち，RuやRh，Pdといった白金族元素は金属相に濃縮されていた。その中に，①（Zr，Fe，Cr，Ni，U）や②（Zr，Ni，In U）といった金属Uを含む相が見られた。

一方，使用済燃料を用いた試験では，①（Sn，Mo，Ru，Tc，Rh，Pd）から成る相，および②（Sn，U，Pu，Zr）から成る金属相を確認している。金属相中にUが存在することは，UO_2が金属まで還元されたことを示している。

そこで，デブリ中に大量に存在するFeおよびZrによるUO_2の還元について検討してみた。図13.2にはFeあるいはZrによるUO_2の還元反応の

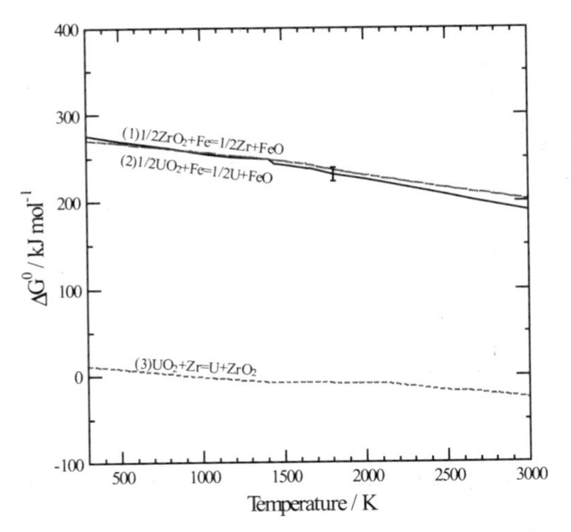

図 13.2　UO_2 の還元反応の Gibbs 自由エネルギー

Gibbs 自由エネルギー変化を示した［14］。

まず，Fe による ZrO_2 の還元反応（1）や UO_2 の還元反応（2）は，3000K までの温度範囲において＋200 kJ mol^{-1} 以上の大きな正の値をとり，進行しない。これに対し，Zr による UO_2 の還元反応（3）の場合には，低温では正値であるが，1500 K 付近より僅かではあるが，負に転じ，2500 K 以上ではより負となるので，還元反応が進行すると考えられる。例えば，UO_2 と Zr の混合物を Ar 雰囲気において 1600℃にて加熱処理しても，金属 U は生成されなかった。一方，上記の TMI-2 事故や使用済燃料による試験においては金属相に U が確認されている。福島第一原発事故では，大量の冷却水や空気の流入によりジルカロイ被覆管が酸化されているとすると，初期の炉心内部の溶融状態ではジルカロイによる UO_2 の還元が起きたかもしれないが，その後の酸化雰囲気により U は金属相―酸化物相間の分配平衡は，酸化物相側へ移動して，結果として，金属相中の U は極微量になっているものと思われる。

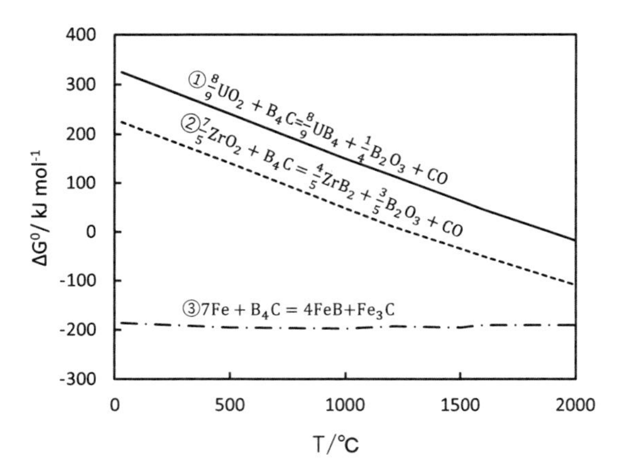

図 13.3　UO_2 および ZrO_2，Fe と B_4C との反応の Gibbs 自由エネルギー

(c) ホウ化物相の評価

BWR では，PWR と異なり，制御材に B_4C を用いているので，炉心においては B_4C と UO_2 および ZrO_2 や鉄鋼材料との反応について検討する必要がある。B_4C と各成分との反応については B_4C が酸素と反応して，CO 生成による還元雰囲気にあることと，それぞれの安定なホウ化物あるいは炭化物を生成することになる。ウランや，ジルコニウム，鉄とホウ素と生成を調べてみると，ホウ素はホウ化物ともにホウ酸を生成する反応が起こりやすい。そこで図 13.3 には UO_2 あるいは ZrO_2，金属鉄が B_4C との反応によりホウ化物およびホウ酸を生成場合の Gibbs 自由エネルギー変化を示した [14]。まず，UO_2 の場合には，2000℃付近の高温において UB_4 の生成が起こる。ZrO_2 の場合にはホウ化物 ZrB_2 の生成が，UB_4 の生成より起こりやすいことが分かる。鉄の場合には，Fe_3C が安定であり，ホウ化物と共存する。制御棒を構成する SUS と B_4C との反応について，不活性あるいは酸化雰囲気においては，B_2O_3 融体の生成により 1000℃以上にて SUS の酸化が進む [15]。さらに，UO_2-ZrO_2-FeO-B_4C 系溶融物について凝固時に組成偏析が見られる [16]。一方，UO_2 と SUS およびジルコニウ

ム，B_4C 混合物溶融・凝固させると，(U,Zr) O_2 酸化物相，Fe-Cr-Ni 合金相とともに，$(Fe, Ni, Cr)_2B$ や ZrB_2 といったホウ化物相が共存することを示しており [17]，燃料デブリの取扱においては，ホウ化物相の挙動も必要になる。

(3) 経年変化と二次デブリ

冷温停止が確立されてから9年以上経過している。当初のデブリ中に存在した燃料成分やFPやMAなど放射性物質は冷却水により炉外へ汚染水として運ばれ，SURRYやALPSといった核種分離システムにより回収されている。冷温停止後に新たな放射性物質の漏えいが起きないとすると，汚染水中の放射性物質はかなり低減するはずであるが，現在も汚染水が発生している。これには次のような点が考えられる。

(1) 低温停止にある塊状の燃料デブリから状態変化により放射性物質が溶解あるいは粉体となり冷却水中に存在する。
(2) 事故以降炉内に堆積した放射物質が二次デブリとなり，徐々に溶解あるいは粉体として冷却水中に存在する。

燃料デブリはこれまで述べてきたように UO_2-ZrO_2 を主体とする酸化物相と，鉄およびジルコニウム主体の金属相やMCCIデブリがあると考えられている。このうち，金属相については，初期の高温海水との反応で腐食され，冷却水中に溶解し，炉内の条件によっては水酸化物 $(Fe(OH)_3)$ として沈殿している。このとき，凝集沈殿剤として働き，汚染水中の放射性物質を共沈させて，二次デブリを形成することが考えられる。一方，酸化物相については，U/Zr 比により，面心立方晶か，正方晶，単斜晶をとり，特に，ジルコニウム過剰の場合には，共存元素の固溶により正方晶が安定化される。この場合，化学的にも安定であり，固相からの放射性物質の溶出が抑制されると考えられる。これに対し，ウラン過剰の場合には面心立方晶をとっているものの，UO_2 は酸化されやすく，U_4O_9 や U_3O_8 といった酸化物となる。これらの酸化物は不定比性がなく，UO_2 に固溶していたFPやMAは，別の酸化物として析出することになる。

TMI-2事故と異なる福島第一原発事故のデブリの特徴は，溶融デブリが炉心より圧力容器下部より流れ落ち，ペデスタル部のコンクリートまで落下したことである。炉心溶融物とコンクリートとの反応によりMCCI（Melted Core Concrete Interaction）デブリを生成していることである。コンクリートの成分は，酸化カルシウム，ケイ酸および少量の酸化鉄，アルミナである。したがって，MCCIデブリは，ケイ酸塩（$ZrSiO_4$, (U,Zr) SiO_4）を主体としたものと考えられる。一模擬デブリを用いた研究では，高温においてはウラン酸化物が溶融したケイ酸ガラス中に覆われたり，また，ZrO_2と化学的に安定な固溶体を生成することにより，放射性核種の溶出が抑制される傾向が見られる［18, 19］。

このことから，炉内にある燃料デブリは化学的には使用済核燃料と同等または，より安定な物質となっている可能性がある。このため，燃料デブリの処分に当たっては，諸外国で研究が進んでいる使用済核燃料の直接処分の概念が大いに参考になると思われる。当然，この際は核燃料デブリの物理的形状が使用済核燃料とは異なっていることに留意する必要がある。

冷温停止後，9年が経過し，デブリ相表面の酸化や構成成分の溶出など，経年による構造，状態が起きている。燃料デブリに関連して多数の文献，情報が公開されており，ここでは一部を紹介したにすぎない。燃料デブリの状態評価や微量成分の挙動について，放射性核種を対象に詳細に検討し，デブリの処理・処分に必要な情報を得ておくことが必要である。

［参考文献］

[1] 日本原子力研究開発機構 ,TMI-2の事故調査・復旧に関する成果と教訓　－ニュークリア・テクノロジー誌TMI特集号の紹介－ ,JAEA-M, 93-111 (1993).
[2] 原子力・量子・核融合事典，第V分冊，丸善，(2014).
[3] 日本原子力研究開発機構 ,化学形に着目した破損燃料からの核分裂生成物およびアクチニドの放出挙動評価 ,JAEA-Research, 2013-022 (2014).
[4] B. Mason, Principles of Geochemistry, 3rd ed., J. Wiley & Sons, Inc., (1966).
[5] 日本機械学会編 ,ジルコニウム合金ハンドブック ,日刊工業新聞社 , (1997).
[6] 日本国政府　原子力災害対策本部 ,国際原子力機関にたいする日本国政府の追加報

告書　－東京電力福島原子力発電所の事故について（第 1 報，第 2 報），(2011).
[7] 池田泰久，出光一哉，稲垣八穂広，桐島　陽，小崎　完，佐々木隆之，佐藤務，佐藤修彰，鈴木達也，竹下健二，新堀雄一，三村　均，「福島原発事故で発生した廃棄物の合理的な処理・処分システム構築に向けた基盤研究」科学研究費基盤研究（S）成果報告書，(2016)
[8] 東京電力㈱，福島原子力事故調査報告書，（2012），（2017）
[9] 日本原子力研究開発機構 , 東京電力福島第一原子力発電所における燃料デブリ特性把握・処置技術開発 , JAEA-Review, 2014-066 (2014).
[10] 日本原子力研究開発機構，「TMI-2 の事故調査・復旧に関する成果と教訓 －ニュークリア・テクノロジー誌 TMI 特集号の紹介－」，JAEA-M, 93-111 (1993).
[11] 原子力・量子・核融合事典，第 V 分冊，丸善，（2014）
[12] 原子炉損害賠償・廃炉等支援機構，「東京電力ホールディングス㈱福島第一原子力発電所の廃炉のための技術戦略プラン 2019」，(2019)
[13] 金属化学入門シリーズ 3，金属製錬工学，金属学会，（1999）
[14] 熱力学データベース Malt for Windows, 科学技術社，（2004）
[15] M. Takano, T. Nishi, N. Shirasu, J. Nucl. Sci. Tech., 51, 859-875, (2014)
[16] R. Sasaki, S. Ueda, S. J. Kim, X. Gao, S. Kitamura, J. Nucl. Mat., 466, 334-342, (1015)
[17] 須藤彩子，水迫文樹，星野国義，佐藤拓未，永江勇二，倉田正輝，日本原子力学会和文誌，Advanced Publication by J-Stage, doi:103327/taesj.J18.029,（2019）
[18] 佐藤修彰，桐島　陽，秋山大輔。「福島第一原子力発電所事故で発生した燃料デブリおよび放射性廃棄物の処理・処分に関する研究　－核燃および RI 研究と施設管理－」，RADIOISOTOPE，67，1-13，(2018)
[19] A. Kirishima, A. Nagatomo, D. Akiyama, T. Sasaki, N. Sato, J. Nuc. Maer., 527, 151795, (2019)

第 14 章　原材料と製品

14.1　特定原材料と製品等［1，2］

古くからウランやトリウム等，自然起源の放射性物質を含む材料，製品が利用されている。使用にあたって一般公衆の被ばく限度である 1mSv/y を越えないものについては，法令による規制ではなく，ガイドラインを設け，事業者による自主管理を求めている。1mSv/y を越えると推定される場合においても 100 ～ 200 m Sv より低い放射線量では臨床所見は確認されておらず，必要な被ばく線量低減化措置により対応している。当該ガイドラインでは，

(a) 鉱石および鉱物砂
(b) 精製したウラン等を添加した金属，ガラス等

を指定原材料として，また，

①製造事業所における作業者，周辺住民の無用な被ばくの低減化等の安全確保
②一般消費財による利用者の無用な被ばくの低減化等の安全確保

を求めている。ウランに係る指定原材料および利用形態としては表 14.1 のようなものがある。これらの利用形態には，①本来その物質が有用資源としての特性を持つため，種々の製品の原材料として利用されているものが多く，その結果として放射性物物質が混入した状態となっている。また，②放射線を意図的に利用する目的で製品に混入したり，そのまま利用したりするもののある。

14.2　ウランガラス［3-7］

19 世紀にガラスにウランを混ぜることによる黄色や緑色の色彩を持つ透

表14.1　指定原材料の利用形態

指定原材料	工業製品	一般消費財
モナザイト	粉体混和材	1）マイナスイオン製品 布団，肌着，靴下，ブレスレット，リストバンド 2）家庭用温泉器 3）自動車排気マフラー触媒
バストネサイト	分級粉体，研磨剤	紙やすり，磨き粉
ジルコン	耐火煉瓦，鋳物砂，窯業釉薬	電子材料，ガラス
タンタライト	Ta 合金，高耐食材	電子部品
リン鉱石	リン安，石こう	肥料，建材
石炭	クリンカ，フライアッシュ	セメント
精製ウラン	釉薬，ガラス着色剤	七宝焼き装飾品，陶磁器，ガラス製品

明なウランガラスが製造され始め，花瓶やアクセサリーなどの各種のガラス器がヨーロッパおよび米国で大量に製造された。その後，紫外線を可視光に変える蛍光現象を利用して照明の輝度を高めるために照明の覆いや，鉄道車両の灯火照明用として多用された。さらに，真空管など電子管の内部電極の引き出しにタングステン棒が使用され，膨張係数の合うウランガラスがシール部分に使用された。高真空用電離真空計では，本体をソーダガラス製としてタングステン電極を封じ，本体をパイレックス管製の真空ラインに接合させる際に，膨張係数がパイレックスガラスとソーダガラスの中間となるウランガラスを使用する。2003年になって，岡山県苫田郡鏡野町（旧：上齋原村）で，日本原子力研究開発機構人形峠事業所の日本産ウランを使用したウランガラス「妖精の森ガラス」が開発された。

ガラスの着色剤としてのウランについては，黒色（UO_2），オリーブグリーン（U_3O_8），赤色（UO_3）がある。単独あるいは硫化カドミウムとともに橙，および黄色に強く着色したガラスを製造するのに使用される。例えば，ホウケイ酸ガラスに対して黄色の着色用に添加されるが，同時にやや緑色を帯びた蛍光を発する。このため，ウランガラスは全体にぼんやりとした緑色を呈すが，ニッケルを添加した場合の純緑色とは異なる。ホウケイ酸ガラスに$Na_2U_2O_7$のようなウラニル塩を添加して蛍光作用をもつガラスを製造する。さらに五酸化リンを添加することにより，蛍光の残光を長時間維持する燐光性を有するようになる。酸化雰囲気におけるVI価ウラン（ウラニル塩（$UO_2(NO_3)_2$））は黄色を呈し，また蛍光を発する。これに対し，還元雰囲気におけるIV価ウラン（硫酸ウラン（$U(SO_4)_2$）は緑色を呈すものの，蛍光を示さない。

ホウケイ酸ガラスに金属酸化物を添加すると，膨張係数は軟質ガラスと石英の中間となり，両者の接合が可能となる。タングステン封入用にConing社製3320番ガラスが開発された。筆者も，電離真空計の並ガラス管と真空ラインのパイレックスガラス管を接合する際に両者間にウランガラスを用い，それぞれを接合したことがある。ガラスの種類と性質を表14.2に示す。ウランはU_3O_8として1.8%添加されている。

また，日本では，第二次大戦前に複数のガラス会社がウランガラスを製造していた。その中で機関車・電車等の前照灯があり，従来の油灯式電照灯から電灯に切り替え，反射鏡を備えたゴールデングローライトを開発した。このライトの心臓部は反射鏡であり，反射鏡のガラスはウラン化合物と添加剤を配合した黄緑色で背面は銀メッキしてある。この反射鏡の特徴として，①人間の目に眩惑を与えない，②霧や塵埃を良く透過する能力を持つ，③短波長光が除去されており，白色光に比べて視力への害がない。④被照物体が鮮明であり，誤認しにくい，⑤他のいずれの波長光よりも人間の眼に対し，最高能率をもつ色彩に富むことがある。小糸製作所で製作されたゴールデングロー反射鏡の調合表を表14.3に示す。第I期はアメリカの対日禁輸により酸化ウランの在庫がなくなるまで，第IIおよびIII期は酸化ウランの代わりに重ウラン酸ソーダを使用した時期，さらに第IV期はウラン在庫がなくなり，重クロム酸カリで代用した時期である。

戦後は，原子力基本法以下の規制のもとに少量のウラン化合物の保有が認められるようになり，ガラス製造工場の条件では，ウラン量として300g以下の使用となるK施設（ウランの化学（II）方法編参照）での扱

表 14.2　ガラスの種類と性質

種　　類		ウラン Coning 社製 3320 番	軟質	硬質	ホウケイ酸	石英
成分 (wt%)	SiO_2	75.0	63.1	73.0	80.5	100
	B_2O_3	12.7	−	16.5	12.9	−
	PbO	3.4	20.2	6.0	−	−
	Al_2O_3	2.4	0.2	−	2.2	−
	CaO	−	0.9	−	−	−
	Na_2O	4.6	7.6	4.5	3.8	−
	K_2O	−	5.5	−	0.4	−
	U_3O_8	1.8	−	−	−	−
線膨張係数 (10^{-7}/℃)		40	90	36	32	5.8
下限徐歪温度（℃）		−	389	486	503	1070
上限徐歪温度（℃）		−	489	521	550	1140

表 14.3　ゴールデングロー反射鏡の調合表（wt.%）[7]

成　分	化学式	第Ⅰ期	第Ⅱ期	第Ⅲ期	第Ⅳ期
小高石粉	SiO_2	40.0	43.0	45.0	68.0
ソーダ灰	Na_2CO_3	17.0	13.5	9.67	28.9
ホウ砂	$Na_2B_4O_7 \cdot 10H_2O$	3.0	10.0	10.0	5.1
炭酸カルシウム	$CaCO_3$	2.0	4.0	4.45	6.8
光明丹	Pb_3O_4	2.0	0	0	3.4
硝酸カリウム	KNO_3	2.0	5.0	5.0	3.4
亜ヒ酸	As_2O_3	0.12	0.5	0.5	0.5
酸化ウラン	U_3O_8	0.14	−	−	−
二酸化マンガン	MnO_2	0.02	−	−	−
重ウラン酸ソーダ	$Na_2U_2O_7$	−	0.3	0.3	−
重クロム酸カリウム	$K_2Cr_2O_7$	−	0.03	0.03	0.04

* 小高石粉：SiO_2 97%，Al_2O_3 1.5%，K_2O 1.2%

表 14.4　滝波硝子ウランガラスの調合表（wt.%）[7]

成　分	化学式	ガラス 1	ガラス 2
珪砂（石粉）	SiO_2	57.5	43.0
水酸化アルミニウム	$Al(OH)_3$	4.5	13.5
ソーダ灰	Na_2CO_3	22.5	–
硝酸ソーダ	$NaNO_3$	3.0	–
ホウ砂	$Na_2B_4O_7 \cdot 10H_2O$	4.5	10.0
炭酸カルシウム	$CaCO_3$	7.5	4.0
ケイフッ化ソーダ	Na_2SiF_6	2.0	0
硝酸ウラニル	$UO_2(NO_3)_2$	0.02	–
重ウラン酸ソーダ	$Na_2U_2O_7$	–	0.3
亜ヒ酸	As_2O_3	–	0.03

表 14.5　核燃料用ウランガラスの組成 [8]

種　類		③	②	③	④
成　分（wt%）	SiO_2	35	41	50	21
	Al_2O_3	25	25	–	21
	ZrO_2	–	17	15	---
	MgO	15	---	18	---
	ThO_2	–	–	–	18
	UO_2	25	17	17	40

いに相当する。この規制のもとに，保谷硝子と滝波硝子の 2 社がウランガラスを製造し，製品に使用していた。表 14.4 には滝波硝子が製造したウランガラスの調合表を示す。ウラン原料として，硝酸ウラニルや重ウラン酸ソーダを使用している。

この他，ケイ酸塩系特殊ガラスとして，核燃料用高濃度ウランガラスがある。コールダーホール型原子炉では発電効率向上のため金属燃料より酸化物燃料を用いて高温運転を行っている。この際，高密度ペレットからの FP ガス放出を抑制するために，気孔を含まない高融点ガラス燃料が開発された。表 14.5 にその組成を示す。シリカ以外のガラス形成剤にアルカリ金属酸化物を使用せず，高融点かつ熱中性子吸収断面積が小さい金属酸

表 14.6　種々のウランガラスの表面線量率

製　　品	ガラスビーズ	ガラス管	ワイングラス
色	黄	黄緑	深緑
表面線量率 (μSv/h)*	0.06 － 0.07	0.08 － 0.09	0.12 － 13

*BG：0.05－0.06μSv/h

化物を用いており，いずれも石英ガラスに匹敵する軟化温度（1000℃以上）を持ち，良好なガラス状態を保ったが，1100℃以上では，乳白色に変化した。SiO_2 濃度が 50%をこえるような（③）高い場合には失透した。さらに，^{233}U 製造用に ThO_2 を添加した場合（④）には，1100℃において ガラス状態を保つものの，時間の経過とともに，失透した。放射線による非晶質の結晶化が見られたようである。ガラス燃料は UO_2 燃料よりウラン含有量が少ないので，^{235}U 濃縮度が高いウランを使用する必要があるとともに，放射線の影響や再処理を含めたバックエンド工程も考慮する必要があり，初期の開発で終了した。

さらに，12.8 節放射性廃棄物処理・処分で述べているように，再処理後の高レベル廃液をホウケイ酸ガラスと混合溶融してガラス固化体を得ている。上記のウランガラスと比べると，抽出剤である TBP からくるリン酸やステンレス材料からくる鉄，ニッケル，コバルトといった成分を含んでいる。また，放射性物質としては，Sr や La といった FP 酸化物を約 13%，U，Pu，Am といったアクチノイド酸化物を１%程度含有する [9]。UO_3 を 2.7wt%含有する模擬ガラス固化体を種々の条件下にて調製する場合，放射光を用いた XAFS 測定によりガラス中のウラン状態の状態分析を行うと [10]，酸化雰囲気処理の場合はVI価であり，水素共存下で溶融すると，Uが還元される。特に，鉄が共存する場合には，UはIV価で存在する。

種々のウランガラスについてサーベイメータにて測定した表面線量率を表 14.6 に示す。これらの数値には BG 値（0.05-0.06μSv/h）を含む。ガラスビーズは直径 14㎜で，黄色を呈する。実験用ガラス管（30mmφ× 3mm

厚）の外観は黄緑であるが，断面は緑を呈す。ワイングラスはウィーンの蚤の市にて購入したもので，苫米地氏の文献［4］に同等品が掲載されており，19世紀のボヘミアンガラスと思われる。ウランガラスのウラン含有量が多くなると，色が濃くなり，かつ表面線量率が高くなる。

これまで述べてきたように，ウランガラス中のUの含有量は0.1%～2%程度であり，放射能強度は低く，ガラスに溶融（固化）されているので，水等への溶出はなく，汚染や被ばくの恐れはない。高アルカリ溶液ではガラス中の金属イオンが溶出する。

14.3　触媒［11-13］

アクリル繊維や合成樹脂の原料となるアクロルニトリルの合成触媒として米国SOHIO社が開発してきた触媒の一つとしてU-Sb系混合酸化物が1960年代に開発され，数十年にわたって世界中で使用された。現在は，放射性廃棄物として工場内に保管されているが，化学毒性と放射性毒性から浅地中への直接処分が難しく，化学的処理による廃触媒の処分検討が必要である。同社の製造法は，まず，SbとUやその他（Fe，Mn，Th，Ce，Mo，Sn）金属群から選択した混合酸化物を，538℃あるいは1093℃にて活性化し，シリカゲルを添加・乾燥後，再度398℃あるいは1093℃にて焼成する。U-Sb触媒では，ガラス相にUSb_3O_{10}と$USbO_5$の二相が分散して存在している。ガラス構造の中にこれらUを含む化合物が混入している状態である。実廃触媒中の組成としては，それぞれU：13，Sb：30，Si：15wt%の報告がある［13］。廃触媒をHClによる塩化処理によりSbを塩化物として選択的に揮発分離し，U_3O_8を酸浸出する処理方法を実証した例がある。反応式は次のようになる。

$$USb_3O_{10} + 10HCl \rightarrow USbO_5 + 2SbCl_5 + 5H_2O \qquad (14\text{-}1)$$

$$6USbO_5 + 30HCl \rightarrow 2U_3O_8 + 6SbCl_5 + 14H_2O + H_2 \qquad (14\text{-}2)$$

また，韓国の原子力研究所では，触媒を濃硝酸で処理した溶液より，メタカリウムリン酸塩（KH_2PO_4）を添加し，メタアンコライト（$KUO_2PO_4 \cdot 4H_2O$）の沈殿で回収する方法を提案している[14]。U廃触媒の処理・処分についてはまだまだ基礎検討の状態である。

14.4　レンガ[15]

ウラン残土を利用したレンガ製造の例を挙げる。人形峠は岡山県，鳥取県にまたがる日本有数のウラン産出地である。鳥取県側湯梨浜町方面地区に，探鉱においてウラン鉱床までの坑道掘削作業にて発生した捨石（ウラン残土）3000 m^3 がたい積場にある。このうちウラン鉱石程度の残土約300 m^3 は米国に搬出，製錬した。2700 m^3 の残土の撤去，利用が検討され，レンガ製造が実施された。平成20年に三朝町にレンガ加工場を建設し，平成22年にすべての残土を処理して終了した。レンガ製造工程は以下のようである。まず，原料残土に副原料として普通ポルトランドセメント，高炉スラグ，顔料（赤，ブラウン，ベージュ），硬化剤，遅延剤を混合，混錬後，成形し，28日間養生して製品としている。レンガは平成21年度および22年度の2期に分けて145万個製造された。レンガの寸法は長さ210×幅100×高さ60 mmで，1個当たりの重量は2.360～2.579 kgである。レンガ480個を木製パレット（1.1×1.1×0.15 m）に梱包し，梱包毎に上部1点および側面各1点の合計4点についてサーベイメータにより線量を測定した。製品の表面線量率を表14.7に示す。これらの数値にはBG値（0.1 μSv/h）を含む。これらの数値は花崗岩（0.2 μSv/h）と同程度である。また，レンガ中の放射能濃度は0.57 Bq/gであり，規制除外の放射能レベル1 Bq/g以下である。なお，145万個のレンガについては，JAEAにて49.5万個，その他官庁・大学等にて2.5万個，一般頒布92.7万個であり，花壇や歩道等に使用された。筆者も1個150円で20個購入した次第である。

表 14.7　方面地区残土より製造したレンガの表面線量率

	表面線量率（μSv/h）*		
製品	最小値	最大値	平均
第 I 期レンガ	0.17	0.36	0.26
第 II 期レンガ	0.17	0.39	0.27

*BG：0.1 μSv/h

[参考文献]

[1]「核燃料物質・核原料物質の使用に関する規制」，原子力規制庁，(2013)

[2]「ウラン又はトリウムを含む原材料，製品等の安全確保に関するガイドライン」，文部科学省，(2009)

[3] 飯田盛夫，「ガラス細工法－基礎と実際－」，廣川書店，(1984)

[4] 苫米地　顕，「ウランガラス」，岩波ブックサービスセンター，1 (1995)

[5] 作花済夫他編，「ガラスハンドブック」，朝倉書店，(1982)

[6] 森谷太郎他編，「ガラス工学ハンドブック」，朝倉書店，(1966)

[7] 大森潤之助，「日本のウランガラス」，里文出版，(2008)

[8] M. S. R. Heynes, H. Rawson, Phys. Chem. Glass., 2, 1-11, (1961)

[9] JNC 編，「高レベル放射性廃棄物ガラス固化体のインベントリ評価」，TN8400 99-085，(1999)

[10] 永井崇之，岡本芳浩，秋山大輔，桐島陽，佐藤修彰，量子ビームフェスタ 2019 要旨集，(2019)

[11] K. Sawada，D. Hirabayashi，Y. Enokida，J. Nucl. Sci. Tech.，54，317-321，(2019)

[12] R. K. Grasselli, D. D. Suresh, J. Catalysis, 25, 273-291, (1972)

[13] K. Sawada, Y. Enokida, Proc. Radiochim. Acta, 1, 97-100, (2011)

[14] K.W. Kim，et al.，J. Nucl. Mat.，516，238-26，(2019)

[15] 山脇弘幸，鳥飼一吉，有本洋祐，JAERI-Technology 2012-049，(2013)

【著者略歴】

佐藤修彰（さとう　のぶあき）

1982年3月東北大学大学院工学研究科博士課程修了，工学博士，東北大学選鉱製錬研究所，素材工学研究所，多元物質科学研究所を経て，現在，東北大学大学院・工学研究科・量子エネルギー工学専攻兼原子炉廃止措置基盤研究センター客員教授。専門分野：原子力化学，核燃料工学，金属生産工学

桐島　陽（きりしま　あきら）

2004年3月東北大学大学院工学研究科博士課程修了，博士（工学），日本原子力研究所を経て，現在，東北大学・多元物質科学研究所・金属資源プロセス研究センター・エネルギー資源プロセス研究分野教授，専門分野：放射性廃棄物の処理・処分，放射化学，アクチノイド溶液化学

渡邉雅之（わたなべ　まさゆき）

1993年3月名古屋大学大学院理学研究科博士前期課程修了，1994年4月日本原子力研究所入所，1999年8月～2000年8月スタンフォード大学化学科客員研究員，2003年3月東京大学大学院理学研究科博士課程修了博士（理学），を経て，現在，日本原子力研究開発機構・原子力科学研究所・基礎工学センターディビジョン長兼放射化学研究グループグループリーダー兼東北大学大学院工学研究科連携准教授，専門分野：放射化学，アクチノイド無機化学

索　引

※頻出項目は主な該当ページのみにとどめている。

【な】

【は】

【ま】

【や】

【ら】

ウランの化学（I）
－基礎と応用－

The Chemistry of Uranium（I）
Basics and Application

2020年6月21日　初版第1刷発行

著　者　佐藤修彰・桐島　陽・渡邉雅之
発行者　関内　隆
発行所　東北大学出版会
〒980-8577　仙台市青葉区片平2-1-1
Tel. 022-214-2777　Fax. 022-214-2778
https://www.tups.jp　E.mail info@tups.jp
印　刷　カガワ印刷株式会社
〒980-0821　仙台市青葉区春日町1-11
Tel. 022-262-5551

ISBN978-4-86163-345-4　C3058
定価はカバーに表示してあります。
乱丁、落丁はおとりかえします。